"十三五"职业教育国家规划教材

高职高专土建专业"互联网+"创新规划教材

全新修订

建筑供配电与照明工程

主　编 ◎ 羊　梅
副主编 ◎ 王佑华　曹　玉

北京大学出版社
PEKING UNIVERSITY PRESS

内 容 简 介

本书为"互联网+"创新规划教材，配合高职高专工学结合课程建设编写。以适应岗位的能力需要为目的，采用任务引领的"教、学、做"一体化教学模式进行编写，并配套有内容丰富，形式多样的网络教学资源。全书设置五个学习项目，包括建筑供电与照明工程的认识、照明工程光照设计、照明工程电气设计、供配电工程设计，防雷与接地工程设计等内容。注重训练学生对设计意图的理解能力和工作信息提取能力。以实际工程为教学载体，学习任务设置从单一到复杂，从典型到综合。师生通过扫描书中配套二维码可以获取图片、动画、模型、教学视频等形式多样的教学资源，便于教师组织开展信息化和互动性教学；有利于学生理解重难知识点，掌握关键学习环节，有效提高学习效率。

书中内容和知识点密切结合最新的手册、规范和工程案例，配套网络教学资源内容丰富，形式多样。本书既可作为设备工程类专业学生教材，也适合从事电气工程、安装工程的技术人员学习和参考。

图书在版编目(CIP)数据

建筑供配电与照明工程/羊梅主编. —北京：北京大学出版社，2018.2
(高职高专土建专业"互联网+"创新规划教材)
ISBN 978-7-301-29227-3

Ⅰ.①建… Ⅱ.①羊… Ⅲ.①房屋建筑设备—供电系统—高等职业教育—教材 ②房屋建筑设备—配电系统—高等职业教育—教材 ③房屋建筑设备—电气照明—高等职业教育—教材 Ⅳ.①TU852②TU113.8

中国版本图书馆 CIP 数据核字(2018)第 019222 号

书　　　　名	建筑供配电与照明工程 JIANZHU GONGPEIDIAN YU ZHAOMING GONGCHENG
著作责任者	羊　梅　主编
策 划 编 辑	刘健军
责 任 编 辑	刘　嚣　刘健军
数 字 编 辑	刘　蓉
标 准 书 号	ISBN 978-7-301-29227-3
出 版 发 行	北京大学出版社
地　　　　址	北京市海淀区成府路 205 号　100871
网　　　　址	http://www.pup.cn　新浪微博：@北京大学出版社
电 子 信 箱	pup_6@163.com
电　　　　话	邮购部 62752015　发行部 62750672　编辑部 62750667
印 刷 者	北京虎彩文化传播有限公司
经 销 者	新华书店
	787 毫米×1092 毫米　16 开本　14.75 印张　354 千字 2018 年 2 月第 1 版　2021 年 11 月修订　2023 年 2 月第 6 次印刷
定　　　　价	45.00 元

未经许可，不得以任何方式复制或抄袭本书之部分或全部内容。
版权所有，侵权必究
举报电话：010-62752024　电子信箱：fd@pup.pku.edu.cn
图书如有印装质量问题，请与出版部联系，电话：010-62756370

前言

本书是高职高专土建专业"互联网+"创新规划教材之一,结合工学结合课程网络教学资源建设,采用"教、学、做"一体化教学模式编写。

全书共分五个项目,项目1为认识供配电与照明工程,项目2为照明工程光照设计,项目3为照明工程电气设计,项目4为供配电工程设计,项目5为防雷与接地工程设计。每个项目下按照实施任务划分学习单元。每个学习单元以任务引领,学生学习单元相关内容后,通过练习题巩固知识点,在此基础上完成实际任务以达到能力训练的目的。

其中项目1的学习目标为了解与熟悉任务对象,项目2和项目3的学习目标为完成典型任务,项目4和项目5的学习目标为完成复杂、综合性任务。项目之间任务难度递增,符合高职高专学生的认知规律和职业成长规律。

书中包含配套的二维码,通过扫描二维码可以获取各种形式的教学资源,包括针对重、难知识点和教学环节的各类图片、动画、模型、教学视频等。既可引发学生学习兴趣,促进自主学习能力的培养,有效提高学习效率,又能满足不同程度的学生的学习需求。

本书在编写过程中以实现适应岗位的能力需要为根本目的,结合实际工程,着重训练学生对设计意图的理解能力和工作信息提取能力,兼顾设计能力;为学生在后续课程的学习以及毕业后从事的建筑电气工程施工员、运行维护员、监理员、资料员、造价员、设计员等岗位的工作打下必要的基础。

本书由成都航空职业技术学院羊梅任主编,湖北城市建设职业技术学院王佑华、济南工程职业技术学院曹玉任副主编。

由于编者学识水平有限,加之时间仓促,书中不足之处恳请读者批评指正。

【资源索引】

编 者

2017 年 8 月

目 录

项目1 认识供配电及照明工程 ·· 1
  任务 1.1 认识供配电工程 ·· 1
    1.1.1 电力系统 ··· 2
    1.1.2 供配电系统 ·· 3
    1.1.3 供电质量与电压 ·· 3
    1.1.4 中性点接地方式 ·· 8
  练习题 1.1 ·· 12
  任务 1.2 认识照明工程 ··· 13
    1.2.1 教学载体——学生宿舍照明工程施工图 ··· 14
    1.2.2 电气工程项目分类 ·· 22
    1.2.3 电气工程识图基础 ·· 22
    1.2.4 电气照明施工图的阅读与分析 ·· 30
  练习题 1.2 ·· 33

项目2 照明工程光照设计 ··· 36
  任务 2.1 照明方式与种类选择 ·· 36
    2.1.1 照明方式 ·· 36
    2.1.2 照明种类 ·· 37
  练习题 2.1 ·· 38
  任务 2.2 电光源选择 ·· 38
    2.2.1 光和光的度量 ·· 39
    2.2.2 电光源的概念、分类与性能指标 ··· 41
    2.2.3 常见电光源 ··· 44
    2.2.4 电光源的选用 ·· 50
  练习题 2.2 ·· 51
  任务 2.3 照明器选择与布置 ··· 52
    2.3.1 照明器的概念及分类 ··· 53

  2.3.2　照明器光学特性 ………………………………………………………… 58
  2.3.3　照明器选择 …………………………………………………………… 63
  2.3.4　灯具布置 ……………………………………………………………… 64
 练习题 2.3 ……………………………………………………………………………… 67
 任务 2.4　照度计算、照明质量与节能评价 ………………………………………… 68
  2.4.1　平均照度计算 ………………………………………………………… 68
  2.4.2　照明质量与节能评价 ………………………………………………… 75
 练习题 2.4 ……………………………………………………………………………… 77

项目 3　照明工程电气设计 …………………………………………………………… 78
 任务 3.1　照明配电系统设计 ………………………………………………………… 78
  3.1.1　照明工程电气设计任务及步骤 ……………………………………… 79
  3.1.2　照明配电系统供电质量 ……………………………………………… 79
  3.1.3　照明供电方式 ………………………………………………………… 81
  3.1.4　照明供电网络 ………………………………………………………… 86
 练习题 3.1 ……………………………………………………………………………… 89
 任务 3.2　照明负荷计算 ……………………………………………………………… 90
  3.2.1　需要系数法计算 ……………………………………………………… 91
  3.2.2　利用各种用电指标的负荷计算方法 ………………………………… 95
 练习题 3.2 ……………………………………………………………………………… 96
 任务 3.3　导线、电缆敷设与选择 …………………………………………………… 97
  3.3.1　导线、电缆敷设 ……………………………………………………… 97
  3.3.2　导线、电缆类型选择 ………………………………………………… 98
  3.3.3　导线和电缆截面选择 ………………………………………………… 101
 练习题 3.3 ……………………………………………………………………………… 107
 任务 3.4　照明线路保护电器选择 …………………………………………………… 108
  3.4.1　照明配电线路的保护 ………………………………………………… 109
  3.4.2　照明线路保护电器 …………………………………………………… 110
  3.4.3　照明线路保护电器选择 ……………………………………………… 115
 练习题 3.4 ……………………………………………………………………………… 118

项目 4　供配电工程设计 ……………………………………………………………… 119
 任务 4.1　高压配电系统设计 ………………………………………………………… 119
  4.1.1　高压配电系统 ………………………………………………………… 119
  4.1.2　变压器选择 …………………………………………………………… 124
  4.1.3　变配电所的电气主接线 ……………………………………………… 127
  4.1.4　电力系统继电保护 …………………………………………………… 130
 练习题 4.1 ……………………………………………………………………………… 134

任务 4.2　低压配电系统设计 ……………………………………………… 135
    4.2.1　低压配电系统设计原则 …………………………………………… 135
    4.2.2　常用低压配电系统接线 …………………………………………… 136
    4.2.3　应急电源设计 ……………………………………………………… 138
  练习题 4.2 …………………………………………………………………… 141
  任务 4.3　负荷计算 ………………………………………………………… 141
    4.3.1　负荷计算概念 ……………………………………………………… 142
    4.3.2　三相负荷计算 ……………………………………………………… 144
    4.3.3　单相负荷计算 ……………………………………………………… 147
    4.3.4　尖峰电流的确定 …………………………………………………… 149
    4.3.5　电网损耗计算及无功功率补偿 …………………………………… 149
  练习题 4.3 …………………………………………………………………… 150
  任务 4.4　短路电流计算 …………………………………………………… 151
    4.4.1　概述 ………………………………………………………………… 151
    4.4.2　三相短路计算 ……………………………………………………… 155
    4.4.3　两相及单相短路电流计算 ………………………………………… 159
    4.4.4　电动机对短路电流的影响 ………………………………………… 159
    4.4.5　短路电流的效应和稳定度校验 …………………………………… 160
  练习题 4.4 …………………………………………………………………… 163
  任务 4.5　电气设备的选择 ………………………………………………… 163
    4.5.1　高压电器及开关柜 ………………………………………………… 164
    4.5.2　低压配电装置 ……………………………………………………… 174
    4.5.3　电气设备的选择与校验 …………………………………………… 176
  练习题 4.5 …………………………………………………………………… 178
  任务 4.6　施工现场临时供电设计 ………………………………………… 179
    4.6.1　设计要求 …………………………………………………………… 179
    4.6.2　施工现场临时供电设计 …………………………………………… 180
  练习题 4.6 …………………………………………………………………… 183

项目 5　防雷与接地工程设计 ………………………………………………… 184
  任务 5.0　教学载体——学生宿舍防雷与接地工程施工图 ……………… 184
  任务 5.1　防雷工程设计 …………………………………………………… 187
    5.1.1　过电压与防雷基本知识 …………………………………………… 187
    5.1.2　防雷装置 …………………………………………………………… 190
    5.1.3　变（配）电所防雷保护 …………………………………………… 195
    5.1.4　建筑物防雷的分类及防雷措施 …………………………………… 196
  练习题 5.1 …………………………………………………………………… 199

5.2 接地工程设计 …………………………………………………………………… 199
　　5.2.1 电流对人体的作用 ………………………………………………………… 199
　　5.2.2 接地与接地装置 …………………………………………………………… 200
　　5.2.3 低压配电系统接地保护 …………………………………………………… 203
　　5.2.4 等电位连接 ………………………………………………………………… 206
练习题 5.2 …………………………………………………………………………… 208

附录 A 常用设备名称和文字符号 ……………………………………………… 209

附录 B 常用电气图形符号 ……………………………………………………… 211

附录 C 常用电器技术数据 ……………………………………………………… 215

附录 D 绝缘导线、电缆和母线的允许载流量 ………………………………… 220

参考文献 ………………………………………………………………………… 224

项目 1　认识供配电及照明工程

任务 1.1　认识供配电工程

任务说明	根据学校 10kV 变配电系统，分析电气主接线，记录电气数据，形成供配电工程说明报告
学习目标	初步具备认识供配电工程的能力
工作依据	教材、工程实物、图纸、手册
实施步骤	1. 结合实物，依据教材和手册，阅读学校某 10kV 变电所工程图，分析 10kV 变配电所电气主接线 2. 确定供电方式、电压等级、进出学校变电所的电缆型号规格 3. 记录变压器的型号，分析变（配）电所的电力系统的接地方式 4. 记录并分析该系统中各环节额定电压 5. 将收集到的各项电气数据及结论形成说明报告
任务成果	1. 变（配）电所的电气系统图 2. 收集到的各项数据及得出的结论

电能是现代人们生产和生活的重要能源。电能既易于由其他形式的能量转化而来，同时也易于转换为其他形式的能量以供电力用户应用；电能的输送分配既简单经济，又便于控制、调节和测量。

建筑供配电即建筑所需电能的供应和分配问题。由于电能的生产、输送、分配和使用的全过程，实际上是同时完成的。这个全过程中的各个环节是一个紧密的整体，因此在学习供配电系统知识之前，首先应该了解有关电力系统的基本知识。

【电力系统】

1.1.1 电力系统

由各种电压的电力线路，将各种发电厂、变电所和电力用户联系起来的一个发电、输电、变电、配电和用电的整体，称为"电力系统"。电力系统模型、组成示意如图 1.1 和图 1.2 所示。

图 1.1 电力系统模型

图 1.2 电力系统组成示意

（1）发电厂：发电厂又称"发电站"，是将自然界蕴藏的各种一次能源如水力、煤炭、石油、天然气、风力、地热、太阳能和核能等，转换为电能（二次能源）的工厂。有火力、水力、核能等；我国的三峡电站即为水力发电厂，其总装机容量为 1768 万 kW，年发电量可达 840 亿 kW·h（度），居世界首位。

(2) 变电所：变电所是接受电能、变换电压和分配电能的场所，由电力变压器和配电装置组成。

变电所按变压的性质和作用又可分为升压变电所和降压变电所两大类。升压变电所的任务是将低电压变换为高电压，以利于电能的传输。降压变电所的任务是将高电压变换到一个合理的电压等级，一般建在靠近用电负荷中心的地点。

(3) 配电所：仅用于接受和分配电能的场所。

(4) 电力线路：将发电厂、变电所和电能用户连接起来，完成输送电能和分配电能的任务。

(5) 电能用户：所有消耗电能的用电设备或用电单位。

(6) 电网：电力系统中的各级电压线路及其联系的变配电所，称为"电力网络"，简称"电网"；即电力系统中除发电厂和电能用户之外的部分。

电网由各种不同电压等级和不同结构类型的线路组成，按电压高低可将电网分为低压电网、中压电网、高压电网和超高压电网。其中电压在1kV以下的电网称低压电网，1～10kV的称中压电网，高于10kV而低于330kV的称高压电网，330kV及以上的称超高压电网。

1.1.2 供配电系统

供配电系统由总降压变电所、高压配电所、配电线路、用户变电所和用电设备组成，如图1.2虚线框内所示。供配电系统是电力系统的一个重要组成部分，包括电力系统中区域变电所和用户变电所，涉及电力系统电能发、输、配、用的后两个环节，其运行特点、要求与电力系统基本相同。只是由于供配电系统直接面向用电设备及其使用者，因此供、用电的安全性尤显重要。

【供配电系统】

(1) 总降压变电所：将35～110kV的外部供电电源降到6～10kV高压配电所、用户间变电所、高压用电设备。一般大型企业都设置。

(2) 高压配电所：接受6～10kV电压，再分配。一般负荷分散、厂区大的大型企业需设置。

(3) 配电线路：分6～10kV厂内高压配电线路和380/220V厂内低压配电线路。

(4) 用户变电所：6～10kV降到380/220V。

供配电的基本要求：安全、可靠、优质、经济；在电能的供应、分配和使用中，不应发生人身事故和设备事故；应满足电能用户对供电可靠性即连续供电的要求；应满足电能用户对电压质量和频率质量等方面的要求；应使供电系统的投资少，运行费用低，并尽可能地节约电能。

1.1.3 供电质量与电压

电力系统中的所有电气设备都是在一定的电压、频率下工作的。电力系统的电压和频率影响电气设备的运行。衡量电能质量的指标是：电压、频率和波形质量。

1. 电压

电压质量对各类用电设备的工作特性、使用寿命、安全及经济运行都有直接的影响。

1) 电光源

白炽灯对电压的变化是很敏感的。当电压降低时，白炽灯的发光效率和光通量都急剧下降，而当电压上升时，白炽灯的寿命大大缩短。如果电压比额定值低 10%，则光通量减少 30%，而如果电压比额定电压值高 5%，则使用寿命将减少一半。

2) 异步电动机

异步电动机对电压的变化也很敏感。当电动机的端电压比额定电压低 10% 时，由于转矩与端电压平方成正比，因此电机实际输出转矩只有额定转矩的 81%，而负荷电流将增大 5%~10% 以上，温升也将提高 5%~10% 以上，绝缘老化程度也比规定的增加一倍以上，从而明显地缩短了电动机的使用寿命。另外，由于转矩减小，电动机转速也将下降，不仅会使生产效率降低，减少产量，而且也会影响产品质量，增加废、次品。当电动机端电压比额定电压偏高时，负荷电流和温升一般也要升高，绝缘受到损坏，对电动机也不利。

3) 电子产品

电视、广播、电传真、雷达等电子设备对电压质量的要求更高。电子设备中的各种半导体元件、集成电路、磁芯装置等特性，对电压都极其敏感，电压过高或过低都将使特性严重改变而影响正常工作。由于各类用户的工作情况均与电压的变化有着极为密切的关系，因此在运行中必须规定电压的允许变化范围，这也就是电压的质量标准。

我国目前规定用户所允许电压变化范围是：由 35kV 及以上电压供电的用户为 ±5%；由 10kV 以下电压供电的高压用户和低压用户为 ±7%；低压照明用户则为 +5%~-7%。

2. 频率

频率的变化同样也将严重影响电力用户的正常工作。对电动机来说，频率降低将使电动机的转速下降，从而使生产效率降低，并影响电动机的使用寿命；反之，频率增高将使电动机的转速上升，增加功率消耗，使经济性降低。

我国的技术标准规定电力系统的额定频率为 50Hz，而频率变化的允许偏差为 ±(0.2~0.5)Hz。当电力系统的容量在 300 万 kW 及以上时，频率偏差允许值为 ±0.2Hz；电力系统的容量在 300 万 kW 以下时，频率偏差允许值为 ±0.5Hz。

3. 额定电压的国家标准

【额定电压】

额定电压是保证电气设备正常运行且能获得最佳经济效益的电压。为了使电气设备实现标准化、系列化，国家规定了三相交流电网和电气设备的额定电压，见表 1-1。

（1）电网（电力线路）的额定电压。电网的额定电压是国家根据国民经济发展的需要及电力工业的水平，经全面的技术经济分析研究后确定的，它是确定各类电力设备额定电压的基础。例如 220V、380V、10kV 等。

（2）用电设备的额定电压。由于用电设备运行时要在线路中产生电压损耗，造成线路上各点的电压略有不同。但成批生产的用电设备，不可能按安装处的实际电压来制造，而只能按照线路首端与末端的平均电压即电网额定电压来制造。用电设备的额定电压与同级电力线路的额定电压是相等的（图 1.3）。

表 1-1 我国三相交流电网和电力设备的额定电压

分类	电网和用电设备额定电压/kV	发电机额定电压/kV	电力变压器额定电压/kV	
			一次绕组	二次绕组
低压	0.38	0.4	0.38	0.4
	0.66	0.69	0.66	0.69
高压	3		3，3.15	3.15，3.3
	6		6，6.3	6.3，6.6
	10		10，10.5	10.5，11
	—	13.8，15.75，18，20，22，24，26	13.8，15.75，18，20，22，24，26	—
	35	—	35	38.5
	66	—	66	72.5
	110	—	110	121
	220	—	220	242
	330	—	330	363
	500	—	500	550

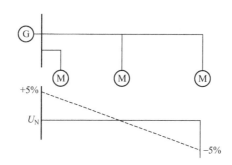

图 1.3 用电设备和发电机的额定电压

（3）发电机的额定电压。由于同一线路一般允许的电压偏差是±5%，即整个线路允许有 10% 的电压损耗。因此为了保证线路首端与末端的平均值在额定值，线路首端应比电网的额定电压高 5%。发电机在线路的首端，所以规定：发电机的额定电压高于所供电网额定电压 5%，用以补偿线路电压的损失（图 1.3）。

（4）变压器的额定电压。

① 变压器一次绕组的额定电压。当变压器直接与发电机相连，如图 1.4 中变压器 T_1，则其一次绕组的额定电压应与发电机额定电压相同，即高于同级线路额定电压 5%；当变压器不与发电机相连，而是连接在线路上，如图中变压器 T_2，则可将变压器看作线路上的用电设备，因此其一次绕组额定电压应与线路额定电压相同。

② 变压器二次绕组的额定电压。变压器二次绕组的额定电压是指变压器一次绕组接

图 1.4 电力变压器的额定电压

上额定电压而二次绕组开路时的电压,即空载电压。变压器在满载运行时,二次绕组内约有 5% 的阻抗电压降,因此分两种情况讨论。

如果变压器二次侧供电线路很长(例如较大容量的高压线路),则变压器二次绕组额定电压一方面要考虑补偿变压器二次绕组本身 5% 的阻抗电压降,另一方面还要考虑变压器满载时输出的二次电压要满足线路首端应高于线路的额定电压 5%,以补偿线路上的电压损耗,如图 1.4 中变压器 T_1。

如果变压器二次侧供电线路不长(例如为低压线路或直接供电给高、低压用电设备的线路),则变压器二次绕组的额定电压只需高于其所接线路额定电压的 5%,即仅考虑补偿变压器内部 5% 的阻抗电压降,如图 1.4 中变压器 T_2。

(5) 由上可以得到如下的结论:

① 电网的额定电压与用电设备的额定电压一致。

② 发电机额定电压高于同级电网额定电压 5%。

③ 变压器一次绕组的额定电压与用电设备(电网)的额定电压相同或与发电机额定电压相同(与发电机相连)。

④ 变压器二次绕组的额定电压高出电网额定电压的 10%(变压器二次侧供电线路长)或 5%(变压器二次侧供电线路不太长)。

4. 电压偏差

电压偏差是指在某一时段内电压幅值缓慢变化而偏离标称值的程度,是用电设备端电压 U 与用电设备额定电压 U_N 差值与 U_N 的百分比,即

$$\Delta U\% = (U - U_N)/U_N \times 100\%$$

国家标准 GB 50052—2009《供配电系统设计规范》规定,正常运行情况下,用电设备端子处电压偏差的允许值应符合下列要求。

(1) 电动机为 ±5%。

(2) 照明,在一般场所为 ±5%;对于远离变电所的小面积一般工作场所,难以满足以上要求时,可为 +5%、-10%;应急照明、道路照明和警卫照明等为 +5%、-10%。

(3) 其他用电设备,当无特殊规定时为 ±5%。

为了减小电压偏移,保证用电设备在最佳状态下运行,供电系统必须采取如下相应的电压调整措施。

(1) 合理选择变压器的电压分接头或采用有载调压型变压器,使之在负荷变动的情况下有效地调节电压,保证用电设备端电压的稳定。

(2) 合理地减少供电系统的阻抗,以降低电压损耗,从而缩小电压偏移范围。

(3) 尽量使系统的三相负荷均衡,以减小电压偏移。

(4) 合理地改变供电系统的运行方式,以调整电压偏移。

(5) 采用无功功率补偿装置,提高功率因数,降低电压损耗,缩小电压偏移范围。

5. 电压波动

电压波动是指电网电压有效值（方均根值）的连续快速变动，即

$$\delta U\% = \frac{U_{\max}-U_{\min}}{U_N}\times 100\%$$

它是波动负荷（如电焊机、电弧炉、轧钢机）引起的电压快速波动，可能会使得设备无法正常工作。

6. 波形质量

电力系统电压的波形应是50Hz的正弦波形，如果波形偏离正弦波形就称为波形畸变，可以根据傅立叶级数从畸变的波形中分解出50Hz的基波及一系列的高次谐波。电压或电流中含有的高次谐波越多，或者高次谐波的幅值（或有效值）越大，其波形离正弦波形就越远，畸变就越严重，波形质量就越差。

谐波使变压器及电动机的铁心损耗明显增加、电动机转子发生振动现象、电力系统发生电压谐振、对附近的通信设备和通信线路产生信号干扰。

7. 建筑供电系统的电压

供电系统的高压配电电压主要取决于当地供电系统电源电压及高压用电设备的电压和容量等因素。在建筑供电系统中额定电压等级主要由负荷的大小、供电距离的长短等条件确定。

（1）二次降压供配电系统。对规模大的大型和特大型建筑，电网需要进行两次降压来进行电能传输与使用，这种系统称为二次降压供配电系统（图1.5）。常见的有110/10/0.38kV和35/10(6)/0.38kV。

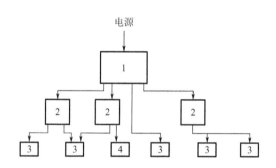

图1.5 二次降压供配电系统结构

1—110kV总降压变电所；2—配电所（开闭所）；3—10(6)kV变电所；4—高压用电设备

（2）一次降压供配电系统。对中等规模的建筑，一般电源引进中压10kV，只需一次降压为0.38kV；也有少数供电电压35kV，一次降压为0.38kV。

（3）低压直供供配电系统。100kW以下，一般不设变电所，只设一个低压配电室，采用380/220V，由公用变配电所供电；其中线电压380V接三相动力设备，相电压220V供电给照明及其他220V的单相设备，对于一些有特殊要求的场所，应根据国家有关规定，局部采用安全电压供电。

1.1.4 中性点接地方式

中性点接地方式是指变压器的中性点与大地连接的方式。中性点接地方式包括小电流接地和大电流接地两种。小电流接地系统供电可靠性高，对地绝缘要求高，包括中性点不接地和中性点经阻抗接地两种形式；大电流接地系统供电可靠性低，对地绝缘要求低，包括中性点经低电阻接地和中性点直接接地两种形式。

中性点接地方式的选择主要取决于发生单相接地时，对电气设备绝缘要求及对供电可靠性的要求。我国3～35kV系统，大多采取中性点不接地的运行方式。只有当接地电流大于一定数值（3～10kV电网中接地电流大于30A，20kV及以上电网中接地电流大于10A）时，则按规定应采取中性点经消弧线圈接地的运行方式。110kV及以上的系统采取中性点直接接地的运行方式。对于低压系统来说，电力网的绝缘水平已不构成主要矛盾，系统中性点是否接地主要从人身安全方面考虑。

1. 中性点不接地的运行方式

中性点不接地的运行方式，即电力系统的中性点不与大地相接。我国10kV电力系统，一般采用中性点不接地的运行方式（图1.6）。系统正常运行时，三个相电压U_A、U_B、U_C是对称的，三相对地电容电流$I_{C0.A}$、$I_{C0.B}$、$I_{C0.C}$也是对称的，其相量和为零，所以中性点没有电流流过。各相对地电压就是其相电压。

图1.6 中性点不接地的正常运行方式

这种系统发生单相接地故障时，只有比较小的导线对地电容电流通过故障点，因而系统仍可继续运行，这对提高供电可靠性是有利的。

但这种系统在发生单相接地故障时，系统中性点对地电压会升高到相电压，非故障相对地电压会升高到线电压；若接地点不稳定，产生了间歇性电弧，则过电压会更严重，对绝缘不利。中性点不接地的故障情况如图1.7所示。

2. 中性点经消弧线圈接地的运行方式（图1.8）

在中性点不接地系统中，当单相接地电流超过规定数值时（10kV系统中，接地电流大于30A），将产生断续电弧，从而在线路上引起危险的过电压，因此须采用经消弧线圈接地的措施来减小这一接地电流，熄灭电弧，避免过电压的产生。

中性点经消弧线圈接地系统与中性点不接地系统一样，当发生单相接地故障时，接地相电压为零，三个线电压不变，其他两相电压也将升$\sqrt{3}$倍，因而单相接地运行也同样不允许超过2h。由于消弧线圈能有效地减小单相接地电流，迅速熄灭电弧，防止间歇性电弧

图 1.7　中性点不接地的故障情况

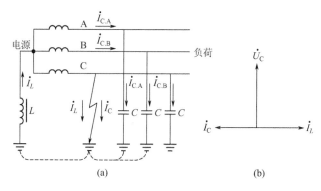

图 1.8　中性点经消弧线圈接地的运行方式
（a）原理图；（b）相量图

引起的过电压，故广泛地用于 3～60kV 的电网中。在 35kV 电力网中单相接地电流大于 5A，在 6～10kV 电力网中单相接地电流大于 30A，其中性点均要求采用经消弧线圈接地方式。

这种系统和中性点不接地系统发生单相接地故障时，接地电流均较小，故统称为小电流接地系统。

3. 中性点直接接地的运行方式（图 1.9）

在电力系统中采用中性点直接接地方式，就是把中性点直接和大地相接，这种方式可以防止中性点不接地系统中单相接地时产生的间歇电弧过电压。

图 1.9　中性点直接接地的运行方式

在中性点直接接地系统中，如发生单相接地，则接地点和中性点通过大地构成回路，形成单相短路，其单相短路电流 $i_k^{(1)}$ 比线路正常负荷电流要大许多倍，使保护装置动作或使熔断器熔断，将短路故障切除，恢复其他无故障部分继续正常运行。所以，中性点直接接地系统又称为大电流接地系统。

中性点直接接地系统发生单相接地时，既不产生间歇电弧过电压，也不会使非接地相电压升高，因此，这种系统中供用电设备的相绝缘只需按相电压设计。这样对超高压系统而言，可以大大降低电网造价，具有较高的经济技术价值；对低压配电系统来说，可以减少对人身及设备的危害。

但是，每次发生单相接地故障时，都会使保护装置跳闸或熔断器熔断，从而中断供电，使供电可靠性降低。为了提高供电可靠性，克服单相接地必须切断故障线路这一缺点，目前在中性点直接接地系统中广泛采用自动重合闸装置。当发生单相接地故障时，保护装置自动切断线路，经过一定时间自动重合闸装置动作，将线路合闸。如果是瞬时接地故障，则线路接通恢复供电；若属持续性接地故障，则保护装置再次切断线路。

目前我国 110kV 以上电力网、低压配电系统均采用中性点直接接地方式。

4. 中性点经低电阻接地的运行方式

现代化大、中型城市在电网改造中大量采用电缆线路，致使接地电容电流增大。为了解决上述问题，我国一些大城市的 10kV 系统采用了中性点经低电阻接地的运行方式。它接近于中性点直接接地的运行方式，在系统发生单相接地时，保护装置会迅速动作，切除故障线路，通过备用电源的自动投入，使系统的其他部分恢复正常运行。

5. 低压配电系统中性点接地方式

【中性点接地方式】

对 220/380V 的低压配电系统广泛采用中性点直接接地的运行方式，而且从中性点引出中性线（N 线）和保护线（PE 线）。中性线（N 线）的作用，一是用来接相电压为 220V 的单相用电设备；二是用来传导三相系统中的不平衡电流和单相电流；三是减少负载中性点的电压偏移。

保护线（PE 线）的作用是保障人身安全，防止触电事故发生。在 TN 系统中，当用电设备发生单相接地故障时，就形成单相短路，使线路过电流保护装置动作，迅速切除故障部分，从而防止人身触电。保护中性线（PEN 线）兼有中性线和保护线的功能，在我国俗称为零线或地线。

以拉丁文字作代号形式的意义为：第一个字母表示电源与地的关系。T 表示电源有一点直接接地；I 表示电源端所有带电部分不接地或有一点通过阻抗接地。第二个字母表示电气装置的外露可导电部分与地的关系。N 表示电气装置的外露可导电部分与电源端有直接电气连接；T 表示电气装置的外露可导电部分直接接地，此接地点在电气上独立于电源端的接地点。

（1）TN 系统。根据国家标准 GB 50052—2009《供配电系统设计规范》规定：TN 电力系统有一点直接接地，电气设施的外露可导电部分用保护线与该点连接。

所谓的 TN 系统，即中性点直接接地系统，且有中性线（N 线）引出。"TN" 中 "T" 表示中性点直接接地，"N" 表示该低压系统内的用电设备的外露可导电部分直接与电源系统接地点相连。TN 系统可因其 N 线和 PE 线的不同形式，分为以下三种形式。

① TN-S 系统（图 1.10）。系统的中性线和保护线是分开的，系统中用电设备外露可导电部分通过 PE 线连接到电源中性点，与系统中性点共用接地体。该系统最大特征是 N 线与 PE 线在系统中性点分开后，不能再有任何电气连接，这一条件一旦破坏，系统再不成立。由于其较高的安全、可靠性而成为我国现在应用最为广泛的一种系统，在自带变配电所得建筑中常常采用。

② TN-C 系统。系统的中性线和保护线是合一的，如图 1.11 所示将 PE 线和 N 线合二为一。PEN 线既连接到负荷的中性点上，又连接到设备的外露可导电部分。此系统曾经在我国广泛应用，但由于它技术上的种种弊端，现在已很少采用，尤其是在民用配电中已基本不允许采用。

图 1.10 TN-S 系统　　　　　　图 1.11 TN-C 系统

③ TN-C-S 系统（图 1.12）。系统中有一部分中性线和保护线是合一的。它是 TN-C 系统和 TN-S 系统的结合形式，在系统的末端将 PEN 线分开为 PE 线和 N 线，分开后不允许再合并。所以在系统的前半部分具有 TN-C 系统的特点，而其后半部分具有 TN-S 系统的特点。

图 1.12 TN-C-S 系统

目前在一些民用建筑物中，电源入户前为 TN-C 系统，电源入户后将 PEN 分为 PE 线和 N 线，即入户后系统就变为 TN-S 系统了。该系统适用于工业企业和一般民用建筑。

（2）TT 系统（图 1.13）。所谓的 TT 系统，也是中性点直接接地系统，且有中性线（N 线）引出。"TT"中第一个"T"仍表示中性点直接接地，第二个"T"表示该低压系统内的用电设备的外露可导电部分不直接与电源系统接地点相连，而采取用电设备经各自的 PE 线就近接地的保护方式。

通常将电源中性点的接地叫做工作接地，而设备外露可导电部分的接地叫做保护接地。统中，这两个接地必须是相互独立的。设备接地可以是每一设备都有各自独立的接地

图 1.13　TT 系统

装置，也可以是若干个设备共用一个接地装置。

（3）IT 系统（图 1.14）。所谓的 IT 系统，是中性点非直接接地系统。"IT"中第一个"I"仍表示中性点不直接接地，"T"表示该低压系统内的用电设备的外露可导电部分不直接与电源系统接地点相连，而采取用电设备经各自的 PE 线就近接地的保护方式。

图 1.14　IT 系统

练习题1.1

一、填空题

1. 发电厂：将一次能源转换成电能，一次能源包括_____、_____、核能等。
2. 变电所：功能是_____、变换电压和_____。
3. 配电所：仅用于_____和_____电能的场所。
4. 电能用户：所有消耗电能的_____或用电单位。
5. 电力系统是_____、_____、_____、_____和_____的统一整体。
6. 供电质量的主要指标是_____和_____、_____。
7. 电压偏移是指用电设备端电压 U 与用电设备额定电压 U_N _____与 U_N 的百分比，即：_____。
8. 用电设备额定电压和电网的额定电压一致；发电机的额定电压高出所供电网额定电压_____。
9. 变压器直接与发电机相连时，其一次侧额定电压比电网额定电压高_____；变压器二次侧线路较长时，其二次额定电压比线路额定电压高_____；变压器接在线路末端时，其一次侧额定电压与线路额定电压相同；二次侧线路不长时，其二次侧额定电压高于线路额定电压_____。

10. 供电系统的低压配电电压主要取决于低压用电设备的电压，通常采用_____。其中线电压_____接三相动力设备，相电压220V供电给照明及其他220V的_____设备。

11. 电力系统中性点运行方式分类。

110kV及以上：中性点直接接地；

3～66kV：_____；

380V：_____。

12. 所谓的TN系统，即_____系统，且有中性线（N线）引出。"TN"中"T"表示中性点_____，"N"表示该低压系统内的用电设备的外露可导电部分直接与电源系统接地点相连。

二、应用题

已知图1.15系统中线路的额定电压，求发电机和变压器的额定电压。

图1.15 某电力系统线路额定电压

任务1.2 认识照明工程

任务说明	阅读宿舍楼照明工程施工图及设计说明，绘制照明工程干线系统图，统计施工所需设备及材料数量、型号、规格和安装方式
学习目标	1. 初步认识照明工程的能力 2. 通过阅读图纸，能够获取岗位工作所需信息的能力
工作依据	教材、照明工程图纸、手册、规范
实施步骤	1. 阅读宿舍楼照明施工平面图及设计说明，依据教材和手册，分析照明配电系统的形式，绘制干线系统图，进行线路标注 2. 认真阅读图纸，理解系统组成，按配电箱、配管配线、开关、插座、灯具、防雷与接地装置分类统计施工所需设备及材料数量、型号、规格和安装方式，列表
任务成果	1. 宿舍的配电干线系统图 2. 电气设备材料统计表

1.2.1 教学载体——学生宿舍照明工程施工图

1. 电气设计说明

1) 工程概况

本工程为某学校新校区 16 栋学生宿舍，共六层；建筑结构为混合结构，楼板为现浇混凝土楼板。建筑物底层高为 3.6m，标准层高为 3.3m。每间宿舍用电负荷按 3.0kW 考虑。

2) 设计依据

(1) 建设单位提出的设计要求。

(2) JGJ16—2008《民用建筑电气设计规范》。

(3) GB50096—1999《住宅建筑设计规范》。

(4) GB0054—1995《低压配电设计规范》。

(5) GB50053—2004《建筑照明设计标准》。

(6) GB50057—1994《建筑物防雷计规范》。

3) 设计范围

(1) 220V/380V 配电系统。

(2) 照明系统。

(3) 建筑防雷、接地系统。

4) 供电方式

本工程电源采用三相四线制（380/220V）供电，电源自室外箱式变电所引入，采用电力电缆穿焊接钢管埋地－0.8m 引入总配电箱。

5) 接地形式

系统接地形式采用 TN‐C‐S 系统，所有电气设备均非带电金属外壳均接保护零线。

6) 电气设备

(1) 各灯具、电气设备图例、型号、规格、安装方法见设备材料表。

(2) 所有宿舍进线均由计量柜引出，计量柜由甲方提供。每个计量柜回路不超过 80 个。

(3) 各类气体放电灯均自带电容器。

7) 照明功率密度值

宿舍：11W/m（对应照度 300lx）；

走道：4W/m（对应照度 75lx）。

8) 导线及电缆敷设

本工程所有导线均为铜芯全塑四芯电力电缆及铜芯塑料导线，导线规格及敷设方式见各配电系统图。

9) 防雷、接地

防雷、接地说明详见平面图。

2. 设备材料表

主要设备材料表见表 1‐2。

表 1-2 主要设备材料表

序号	图例	名称	型号	规格	单位	数量	备注
1	▬	用户配电箱			台	详图	
2	⊢⊣	双管荧光灯		T8 2×40W	套	详图	吸顶安装
3	⊢⊣	单管荧光灯		T8 L×40W	套	详图	吸顶安装
4	⊗	防水灯		11W	套	详图	吸顶安装
5	⊗	吸顶灯		11W	套	详图	吸顶安装
6	▣	应急照明灯	自带蓄电池	2×3W(30min)	套	详图	挂墙安装（玻璃罩），距地 2.6m
7	▭	疏散指示灯	自带蓄电池	8W(30min)	套	详图	距地 0.5m 安装（玻璃罩）
8	⇔	疏散指示灯	自带蓄电池	8W(30min)	套	详图	距地 0.5m 安装（玻璃罩）
9	▭	安全出口标志灯	自带蓄电池	8W(30min)	套	详图	门上 20cm 安装（玻璃罩）
10	✦	单联单控暗开关	GKB61/1	250V 10A	套	详图	
11	✦	双联单控暗开关	GKB62/1	250V 10A	套	详图	距地 1.4m 安装
12	✦	三联单控暗开关	GKB63/1	250V 10A	套	详图	距地 1.4m 安装
13	✦	单联声光控暗开关		250V 10A	套	详图	距地 1.4m 安装
14	⊠	电扇	甲方确定		套	详图	吸顶安装
15	⊖	排风扇	甲方确定		套	详图	吸顶安装
16	▽	二三极安全插座	GKB6/10US	250V 10A	套	详图	距地 1.2m 安装
17	▽	三极安全防水插座	GKB6/16US	250V 16A	套	详图	距地 2.2m 安装
18	▽	二三极安全插座	GKB6/10US	250V 10A	套	详图	距地 0.3m 安装
19	▽	三极安全防水插座	GKB6/10US	250V 10A	套	详图	距地 1.4m 安装
20	⊥	三相安全防水插座		4000V 20A	套	详图	距地 1.4m 安装

3. 配电箱系统图

（1）总配电箱系统图如图 1.16、图 1.17 所示。

图 1.16　总配电箱 16-1 系统图（挂墙明装）

图 1.17　总配电箱 16-2 系统图（挂墙明装）

（2）计量柜系统图如图 1.18、图 1.19 所示。

图 1.18　计量柜 JLD1 系统图（落地安装）

（3）应急照明配电柜系统图如图 1.20 所示。

（4）用户配电箱系统图如图 1.21 所示。

图 1.19 计量柜 JLD2 系统图（落地安装）

图 1.20 应急照明配电柜系统图（落地安装）

图 1.21 用户配电箱系统图（距地 1.5m，嵌墙暗装）

【宿舍走廊大厅照明系统展示】

【宿舍房间照明系统展示】

4．照明平面图

（1）强电平面图如图 1.22～图 1.24 所示。

图1.22 一层强电平面图

图1.23 二层强电平面图

图1.24 三至六层强电平面图

（2）宿舍强电大样图如图 1.25 所示。

图 1.25　宿舍强电大样图

（3）配电房大样图如图 1.26 所示，电缆沟剖面图如图 1.27 所示。

图 1.26　配电房大样图

图 1.27 电缆沟剖面图

1.2.2 电气工程项目分类

电气工程是指某建筑的供电、用电工程，它通常包括以下几项内容。

(1) 外线工程：室外电源供电线路，主要是架空电力线路和电缆线路。

(2) 变配电工程：由变压器、高低压配电柜、母线、电缆，继电保护与电气计量等设备构成的变配电所。

(3) 室内配线工程：主要有线管配线，桥架线槽配线，绝缘子配线，钢索配线等。

(4) 电力工程：包括各种风机、水泵、电梯、机床，起重机等动力设备（各种型式的电动机）和控制器与动力配电箱。

(5) 照明工程：包括照明灯具、开关、插座，电扇和照明配电箱等设备。

(6) 防雷工程：包括建筑物电气装置和其他设备的防雷设施。

(7) 接地工程：各种电气装置的工作接地和保护接地系统。

(8) 弱电工程：包括消防报警系统、安保系统、广播、电话、闭路电视系统等。

(9) 发电工程：一般为备用的自备柴油发电机组。

1.2.3 电气工程识图基础

建筑电气工程施工图是以统一的图形和文字符号辅以简明扼要的文字说明，把建筑中电气设备安装位置、配管配线方式、安装规格、型号以及其他一些特征和它们相互之间的联系表示出来的一种图样。

1. 电气施工图的格式

一幅完整的工程图纸，其图面由边框线、标题栏、会签栏等组成，工程图纸的图面格式如图 1.28 所示。

1) 幅面

幅面是由边框线围成的图面，分 A_0 号、A_1 号、A_2 号、A_3 号、A_4 号，图幅尺寸见表 1-3。

图 1.28　工程图纸的图面格式

表 1-3　图幅尺寸

幅面代号	宽(B)×长(L)/mm	边宽 c/mm	装订边宽 a/mm
A_0	841×1189	10	25
A_1	594×841	10	25
A_2	420×594	10	25
A_3	297×420	5	25
A_4	210×297	5	25

2）标题栏

标题栏又名图标，是用以确定图纸名称、图号和有关人员签署等内容的栏目。其方位一般在图纸的下方或右下方，紧靠图框线。标题栏中的文字方向应为看图方向，即图中的说明、符号均应以标题栏的文字方向为准。

标题栏的格式、内容可能因设计单位的不同而有所不同。常见的格式应有以下内容：设计单位、工程名称、项目名称、图名、图别、图号等。

3）会签栏

会签栏主要供相关专业（如建筑、结构、给排水、电气、采暖通风、工艺等专业）设计人员会审图纸时签名用。

2. 图面一般规定

1）比例和方位标志

图纸比例是指图上所画的尺寸与实物尺寸之比，通常以倍数比表示。电气施工图常用的比例有 1∶200、1∶150、1∶100 和 1∶50。做工程概预算、安装施工中需要确定电气设备安装位置的尺寸或导线长度时，可直接用比例尺在图上量取，但所用比例尺的比例应与图纸上标明的比例相同。

图纸中的方位按国际惯例通常是上北下南，左西右东。有时为了使图面布局更加合理，也有可能采用其他方位，但必须标明指北针。

2) 图线符号

绘制电气图所用的各种线条统称为图线,图线的形式及应用见表1-4。

表1-4 图线的形式及应用

图线名称	图线形式	应用
粗实线	———	电气线路、一次线路、图框线等
实线	———	二次线路、干线、分支线等
虚线	---------	屏蔽线路、事故照明线等
点画线	—·—·—	控制线、信号线、轴线、中心线等
双点画线	—··—··—	50V及其以下电力及照明线路

图线的宽度可从0.25、0.35、0.5、0.7、1.0、1.4等系列中选取,通常只选用两种宽度的图线,且粗线的宽度为细线的两倍。若需用两种以上宽度的图线时,线宽应以2的倍数依次递增。

3) 标高

在电气平面图中,电气设备和线路的安装高度是用相对标高来表示的。相对标高是指选定某一参考面为零点而确定的高度尺寸。建筑工程上一般将±0.00设定在建筑物首层室内地平面,往上为正值,往下为负值。

在电气图纸中,设备的安装高度等是以各层楼面为基准的,一般称为安装标高。

4) 图例

为了简化作图,电气照明工程中的灯具、线路、设备等常用图形符号和文字符号来表示它们的安装位置、配线方式以及其他一些特征。图中每个符号都代表一定的含义,理解了这些符号和它们之间的相互关系,就可以识别图纸上所画的是什么设备,这种设备的各个组成部分怎样连接,以及有哪些技术要求等,就可以正确地进行施工安装。

绘制电气工程图纸必须采用国家统一规定的图形符号和文字符号。目前我国执行的是国家标准《电气简图用图形符号第1部分:一般要求》(GB/T 4728.1—2005)和《技术产品及技术产品文件结构原则 字母代码 按项目用途和任务划分的主类和子类》(GB/T 20939—2007),该标准采用了国际电工委员会(IEC)标准,在国际上具有通用性,有利于对外开放和技术交流。

3. 电气施工图的分类及表达内容

一个电气工程的规模有大有小,不同规模的电气工程,其图纸的数量和种类是不同的,常用的电气工程施工图有以下几类。

1) 目录、设计说明、图例、设备材料表

(1) 图纸目录:包括序号、图纸名称、编号、张数等。

(2) 设计说明(施工说明):主要阐述电气工程设计的依据、施工原则和要求、建筑特点、电气安装标准、安装方法、工程等级、工艺要求等,以及有关设计的补充说明。包括工程土建情况、工程设计范围及工程级别(防火、防爆、负荷等级等)、电源的概况及进户线的做法和要求、配电线路敷设要求及做法、配电装置和灯具及照明电器的选型及安装要求，保护接地方式及接地装置的安装要求。

（3）图例：即图形符号，一般只列出本套图纸中涉及的一些图形符号。

（4）设备材料表：列出了该项电气工程所需要的设备和材料的名称、型号、规格和数量以及安装时的要求，是进行施工和预算的参考依据。

2）电气系统图

电气系统图是用电气符号或带注释的框，概略表示该系统或分系统的基本组成、各个组成部分之间的相互关系、连接方式、各组成部分的电器元件和设备的主要特征的图样。电气系统图包括变配电系统图、动力系统图、照明系统图、弱电系统图等。电气系统图是电气施工图中最重要的部分，是学习识图的重点。通过系统图可以了解工程的全貌和规模，但它只表示电气回路中各元件的连接关系，不表示元件的具体情况、安装位置和接线方法。

照明系统图表示整个照明工程供配电系统的各级组成和连接。在各配电箱（配电柜）配电系统图中，应标注各开关、电器的型号和配电箱的编号（与平面图中对应）、计算负荷、电流、型号及尺寸。配电箱线路上标注回路的编号及导线的型号、规格、根数、敷设部位敷设方式等。照明系统图是配电装置加工订货的依据。

3）电气平面图

电气平面图是通过一定的图形符号、文字符号具体地表示所有电气设备和线路的平面位置、安装高度、设备和线路的型号、规格、线路的走向和敷设方法、敷设部位。它是进行电气安装的主要依据，但它采用了较大的缩小比例，不能表现电气设备的具体形状。常用的电气平面图有变配电所平面图、动力平面图、照明平面图、防雷平成图、接地平面图、弱电平面图等。平面图按工程内容的繁简每层绘制一张或数张。

4）安装接线图

安装接线图又称安装配线图，是用来表示电气设备、电气元件和线路的安装位置、配线方法、接线方法、配线场所等特征的图纸，通常用来指导安装。

5）电气原理图

电气原理图是表示某一具体设备或系统的电气工作原理的图纸。它是按照各个部分的动作原理采用展开法来绘制的，通过分析原理图，可以清楚地了解整个系统的动作顺序。电气原理图不能表明电气设备和器件的实际安装位置和具体的接线，但可以用来指导电气设备和器件的安装、接线、调试、使用与维修。

6）详图

详图是表示电气工程中某一部分或某一部件的具体安装要求和做法的图纸。

在一个具体工程中，往往可以根据实际情况适当增加某些图或省略某些图。

4. 图形与文字符号

1）图形符号

照明工程中常用图形符号见表1-5，用以表示配电箱、灯具、开关、插座、风扇等设备。

表 1-5 常用图形符号

图例	名 称	图例	名 称	图例	名 称	图例	名 称
○	灯具一般符号	⌒	深照灯		双联单控防水开关		单相三极防水插座
⌐	顶棚灯	▼	墙上座灯		双联单控防爆开关		单相三极防爆插座
⊚	四火装饰灯		疏散指示灯		三联单控暗装开关		三相四极暗爆插座
⊗	六火装饰灯		疏散指示灯		三联单控防水开关		三相四极防水插座
●	壁灯	EXIT	出口标志灯		三联单控防爆开关		三相四极防爆插座
—	单管荧光灯		应急照明灯		声光控延时开关		双电源切换箱
=	双管荧光灯	Ⓔ	应急照明灯		单联暗装拉线开关		明装配电箱
≡	三管荧光灯	⊗	换气扇		单联双控暗装开关		暗装配电箱
⊗	防水防尘灯	⋈	吊扇		吊扇调速开关		漏电断路器
○	防爆灯		单联单控暗装开关		单相两极暗装插座		低压断路器
⋈	泛光灯		单联单控防水开关		单相两极防水插座		弯灯
	单联单控防爆开关		单相两极防爆插座	⊙	广照灯		双联单控暗装开关
	单相三极暗装插座						

2) 文字符号

照明工程中常用导线敷设方式文字符号见表 1-6, 导线敷设部位文字符号见表 1-7, 导线用途文字符号见表 1-8, 灯具安装方式文字符号见表 1-9。

表 1-6 导线敷设方式文字符号

敷设方式	新符号	旧符号	敷设方式	新符号	旧符号
穿焊接钢管敷设	SC	G	电缆桥架敷设	CT	
穿电线管敷设	MT	DG	金属线槽敷设	MR	GC
穿硬塑料管敷设	PC	VG	塑料线槽敷设	PR	XC
穿阻燃半硬聚氯乙烯管敷设	FPC	ZYG	直埋敷设	DB	
穿聚氯乙烯塑料波纹管敷设	KPC		电缆沟敷设	TC	
穿金属软管敷设	CP		混凝土排管敷设	CE	
穿加压式薄壁钢管敷设	KBG		钢管敷设	M	

表1-7 导线敷设部位文字符号

敷设方式	新符号	旧符号	敷设方式	新符号	旧符号
沿或跨梁（屋架）敷设	AB	LM	暗敷设在墙内	WC	QA
暗敷设在梁内	BC	LA	沿天棚或顶板敷设	CE	PM
沿或跨柱敷设	AC	ZM	暗敷设在屋面或顶板内	CC	PA
暗敷设在柱内	CLC	QM	吊顶内敷设	SCE	
沿墙面敷设	WS		地板或地下面敷设	F	DA

表1-8 导线用途文字符号

名称	常用文字符号			名称	常用文字符号		
	单字母	双字母	三字母		单字母	双字母	三字母
控制线路		WC		电力线路		WP	
直流线路		WD		广播线路		WS	
应急照明线路	W	WE	WEL	电流线路	W	WV	
电话线路		WF		插座线路		WX	
照明线路		WL					

表1-9 灯具安装方式文字符号

名称	新符号	旧符号	名称	新符号	旧符号
线吊式自在器线吊式	SW		顶棚内安装	CR	DR
链吊式	CS	L	墙壁内安装	WR	BR
管吊式	DS	G	支架上安装	S	J
壁装式	W	B	柱上安装	CL	Z
吸顶式	C	D	座装	HM	ZH
嵌入式	R	R			

5. 照明设备、线路标注

1) 线路在平面图上的表示

照明配电线路的标注一般为 $a-b-(c×d)e-f$，若导线截面不同时，应分别标注，如两种芯线截面的标注为 $a-b-(c×d+n×f)e-f$。

式中，a 为线路编号；b 为导线型号；c、n 为导线根数；d、h 为导线截面；e 为线路敷设方式；f 为线路敷设部位。

例如，某照明系统图中标注有 BV(3×50+2×25)SC50-FC，表示该线路是采用铜芯塑料绝缘导线，三根 $50mm^2$，两根 $20mm^2$，穿管径为 50mm 的焊接钢管沿地面暗敷设。

2) 照明灯具标注

照明灯具的一般标注方法为 $a-b\dfrac{c\times d\times L}{e}f$，若灯具吸顶安装时，可标注为 $a-b\dfrac{c\times d\times L}{-}f$。

式中，a 为灯具数量；b 为灯具型号或编号；c 为每盏照明灯具的灯泡（管）数量；d 为灯泡（管）容量，单位为 W；e 为灯泡安装高度，单位为 m；f 为安装高度，L 为安装方式。

例如，照明灯具标注为 $8-\text{YZ40RR}\dfrac{2\times 40}{2.5}\text{P}$，表示这个房间或某个区域安装型号为 YZ40RR 的荧光灯（直管型、日光色），每只灯装有 2 根 40W 灯管，用管吊安装，吊高 2.5m。

而 $2-\text{JXD6}\dfrac{2\times 60}{-}\text{s}$，表示这个房间的灯具，每只灯具装有 2 个 60W 荧光灯，吸顶安装。

3) 开关断路器标注

开关及熔断器的一般标注方法为 $a\dfrac{b}{c/i}$ 或 $a-b-c/i$，当需要标注引入线的规格时标注为 $a\dfrac{b-c/i}{d(e\times f)-g}$。

式中，a 为设备编号，b 为设备型号，c 为额定电流（A），i 为整定电流（A），d 为导线型号，e 为导线根数，f 为导线截面，g 为敷设方式。

例如，开关标注为 $m_3-(\text{DZ20Y}-200)-200/200$，表示设备编号为 m_3，开关的型号为 DZ20Y-200，额定电流为 200A 的低压空气断路器，断路器的整定电流值为 200A。

进行照明工程设计时，若将照明灯具、开关及熔断器的型号随图例标注在材料表内，则这部分内容可不在图上标出。

4) 导线根数标注（图 1.29）

在平面图上，两根导线一般无须标注。3 条及以上导线，标注方式有两种：一是在图线上打上斜线表示，斜线根数与导线根数相同；二是在图线上画一根短斜线，短斜线旁加与导线根数相同的阿拉伯数字标注。

图 1.29 导线根数标注

【照明配电线路的导线读取方法】

6. 照明配电线路的导线读取方法

由于照明灯具一般都是单相负荷，其控制方式是多种多样的，加上施工配线方式的不同，对相线、中性线、保护线的连接各有要求，所以其连接关系比较复杂，如相线必须经开关后再接于灯座，零线可以直接进灯座,保护线则直接与灯具金属外壳相连接。这样就会在灯具之间、灯具与开关之间出现导线根数变化。

照明灯具一般都是单相负荷,相线必须经开关后再接于灯座,零线可以直接进灯座,保护线则直接与灯具金属外壳相连接。各照明器的开关必须接在相线上,从开关出来的线称"控制线",n 联开关共有 $n+1$ 条导线:1 根相线和 n 根控制线。

1)一支开关控制一盏灯

最简单的照明控制线路是在一个房间内采用一只开关控制一盏灯,若采用管配线暗敷设,其照明平面图如图 1.30(a) 所示,透视接线如图 1.30(b) 所示。

图 1.30 一支开关控制一盏灯
(a) 照明平面图;(b) 透视接线图

由图知,电源与灯座的导线和灯座与开关之间的导线都是两根,但其意义却不同,电源与灯座的两根导线,一根为直接接灯座的中性线(N 线),一根为相线(L 线),中性线直接接灯座,相线必须经开关后再接于灯座;而灯座与开关的两根导线,一根为相线,一根为控制线(G 线)。

2)多支开关控制多盏灯

图 1.31(a) 是两个房间的照明平面图,图中有一个照明配电箱,三盏灯,一个双联单控开关和一个单联单控开关,采用管配线。图中大房间的两灯之间为三根线,中间一盏灯与双联单控开关之间为三根线,其余都是两根线,因为线管中间不允许有接头,接头只能放在灯座盒内或开关盒内,详见与之对应的透视接线图 1.31(b)。

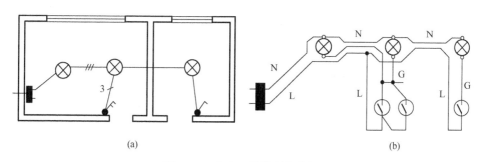

图 1.31 多支开关控制多盏灯
(a) 照明平面图;(b) 透视接线图

3)两支开关控制一盏灯

用两只双控开关在两处控制一盏灯,通常用于楼梯、过道或客房等处。其平面图如图 1.32(a) 所示,图 1.32(b) 为其透视接线图,图 1.32(c) 为其原理图。

图 1.32　两支开关控制一盏灯
（a）照明平面图；（b）透视接线图；（c）原理图

图中一盏灯由两个双控开关在两处控制，两个双控开关与灯之间的导线都为三根。由原理图可以看出，在图示开关位置时，灯不亮；但无论扳动哪个开关，灯都会亮。

由以上的分析可以看出，照明工程中，室内导线的根数与所采用的配线方式、灯与开关之间的连接有关，当配线方式或连接关系发生变化时，导线的根数也随之变化。这时应结合灯具、开关、插座的原理接线图或透视接线图对照明平面图进行分析。借助于照明平面图，了解灯具、开关、插座和线路的具体位置及安装方法；借助于原理接线图了解灯具、开关之间的控制关系，不论灯具、开关位置是否变动，原理接线图始终不变；借助于透视接线图了解灯具、开关之间的具体接线关系，开关、灯具位置、线路并头位置发生变化时，透视接线图也随之发生变化。只要理解了原理，就能看懂任何复杂的平面图和系统图。

1.2.4　电气照明施工图的阅读与分析

1. 照明工程读图应具备的知识及技能

电气照明工程中，灯具和电气设备的安装位置与建筑物的结构有关，线路的走向与建筑物的柱、梁、门等的位置有关，与其他管道、风管的规格、用途、走向有关，设备和线管的安装方法与墙体、楼板材料有关。所以要正确无误地阅读照明工程图纸，必须具备多方面的知识及技能，不仅要用到电气专业方面的知识与技能，还必须了解和掌握土建和其他专业工程的一些技术和技能。照明工程读图应具备的知识及技能主要如下。

1）电气专业方面

熟练掌握电气图形符号、文字符号、标注方法及其含义；熟悉建筑电气工程制图标准、常用画法及图样类别。

熟悉建筑电气工程经常采用的标准图集图册，有关设计的规程规范及标准；了解设计的一般程序、内容及方法；了解电气安装工程施工及验收规范、安装工程质量评验标准及规范等。

掌握电气照明工程中的常用设备、电气线路的安装方法及设置。

熟练掌握工程中常用的电气设备、材料（如开关柜、导线电缆、灯具等）的性能、工作原理、规格型号；了解其生产厂家和市场价格。

2) 土建专业方面

熟悉土建工程、装饰工程和混凝土工程施工图中常用的图形符号、文字符号和标注方法；了解土建工程的制图标准及常用画法；了解一般土建工程施工工艺和程序。

了解建筑施工图种类以及与电气施工图的关系。

(1) 建筑平面图。建筑平面图主要表示建筑物的平面形状、水平方向各部分（如出入口、房间、走廊、楼梯等）的布置和组合关系、门窗位置、其他建筑构件的位置以及墙、柱布置和大小等情况。建筑平面图（除屋顶平面图外）实际上是剖切平面位于窗台上方的水平剖面图，但习惯上称它为平面图。

照明设计的照明平面图就是在建筑平面图的基础上绘制的，要求表达清楚照明灯具、开关、配电箱、插座、线路等与建筑的相对关系。

(2) 建筑立面图。建筑立面图用来表示建筑物的外貌，并表明外墙的装修要求。

照明设计中电源进线的位置、建筑物立面照明等要与建筑立面相符合。

(3) 建筑剖面图。建筑剖面图是建筑物的垂直剖面图，其剖切位置一般选择在内部结构和构造比较复杂或有变化的部位，建筑剖面图可以简要地表达建筑物内部垂直方向的结构形式、构造、高度及楼层房屋的内部分层情况。

照明设计中管线的具体走法、楼梯灯开关、照明灯具的安装位置都需要根据剖面图来确定。

3) 管道和采暖通风专业方面

熟悉管道、采暖、通风空调工程施工中常用的图形符号、文字符号和标注方法；了解制图标准及常用画法；熟悉这些专业的工程工艺和程序；掌握与电气关联部位及其一般要求。

4) 设备安装专业方面

熟悉风机、泵类设备等安装施工图常用图形符号、文字符号和标注方法；了解制图标准及常用画法；熟悉工程工艺和程序；掌握与电气关联部位及其一般要求。

2. 读图要点

1) 阅读电气设计总说明

阅读设计说明时，要注意并掌握下列内容。

(1) 工程规模概况、总体要求、采用的标准规范、标准图册及图号、负荷级别、供电要求、电压等级、供电线路、电源进户要求和方式、电压质量等。

(2) 系统保护方式及接地电阻要求、系统对漏电采取的技术措施。

(3) 工作电源与备用电源的切换程序及要求、供电系统短路参数、计算电流、有功负荷、无功负荷、功率因数及要求等。

(4) 线路的敷设方法及要求。

(5) 所有图中交代不清、不能表达或没有必要用图表示的要求、标准、规范、方法等。

2) 照明系统图的阅读要点

(1) 进线回路编号、进线线制、进线方式、导线（或电缆）的规格型号、敷设方式和部位、穿线管的规格型号。

(2) 配电箱的规格型号及编号、各开关（或熔断器）的规格型号和用电设备编号、名称及容量。

(3) 配电箱、柜、盘有无漏电保护装置,其规格型号、保护级别及范围。

(4) 用电设备若为单相的,还应注意其分相情况。

3) 照明平面图的阅读要点

(1) 灯具、插座、开关的位置、规格型号、数量,照明配电箱的规格型号、台数、安装位置、安装高度及安装方式,从配电箱到灯具和插座安装位置的管线规格、走向及导线根数和敷设方式等。

(2) 电源进户线位置、方式,线缆规格型号,总电源配电箱规格型号及安装位置,总配电箱与各分配电箱的连接形式及线缆规格型号等。

(3) 核对系统图与照明平面图的回路编号、用途名称、容量及控制方式是否相同。

(4) 建筑物为多层结构时,上下穿越的线缆敷设方式(管、槽、竖井等)及其规格、型号、根数、走向、连接方式(盒内、箱内式),上下穿越的线缆敷设位置的对应。

(5) 其他特殊照明装置的安装要求及布线要求、控制方式等。

4) 电气总平面图阅读要点

阅读电气总平面图时,应注意下列几点:先看图样比例、图例及有关说明。注意电气(干线)总平面图上标注的强电、弱电进线位置、方式、标高,以及各强、弱电箱体之间的连线走向、敷设方式。其次还要注意每个电源进线处的总等电位箱的位置标高以及各箱体是否有与上下层的竖向连线情况。了解本工程是否室外立面照明及其电源的引出位置和敷设方式。

5) 标准层平面图阅读要点

阅读标准层平面图时,应注意下列几点:了解标准层平面形状及房屋内部布局,房屋功能。注意楼梯间(或竖井内)强、弱箱体的布置情况(可对照竖井大样图)。当无竖井时要注意电气与水暖系统、通风系统、消防系统预留洞口间的关系,这些洞口是否存在碰撞问题,思考施工的难易程度。注意室内灯具、开关、强、弱电控制箱、插座的位置和安装方式及标高,明确卫生间的局部等电位连接端子箱的位置标高。

6) 顶层平面图阅读要点

阅读顶层电气平面图时,应注意下列几点:顶层平面图不仅反映本层配电情况而且还要反映屋顶的广告照明风机、电梯以及水箱间等的配电情况。注意屋面的防雷平面图中避雷针(网、带)的布置情况和敷设方式,明确防雷引下线的位置,并且要求突出屋面的金属通风管、排气管等均与避雷网相连。

7) 防雷接地平面图阅读要点

阅读防雷接地平面图时,应注意下列几点:首先搞清接地的方式,一般均为联合接地系统,即工作接地、弱电接地、防雷接地等共用一个接地系统,接地电阻要求小于 1Ω,接地极除利用自然接地极外,一般还需补做人工环网接地。进而要搞清人工接地极、接地线所用的材料及规格。明确各接地系统的接地干线与接地网的连接位置,以及在立面上防雷引下线的断接测试盒的设置位置、标高、尺寸等。

3. 读图的步骤

读图一般分如下三个步骤进行。

1) 粗读

所谓粗读就是将施工图从头到尾大概浏览一遍,以了解工程的概况,做到心中有数。粗读时可重点阅读电气系统图、设备材料表、设计说明,主要掌握工程内容、电源情况、线缆规格型号及敷设方式、主要灯具、设备的规格型号、土建工程要求及其他专业要求等。

2) 细读

所谓细读就是按读图程序和读图要点仔细阅读每一张施工图纸,达到读图要点中的要求。并对以下内容做到了如指掌:灯具及其他电气设备的安装位置及要求。每条管线走向、布置及敷设要求。系统图、平面图及关联图样标注是否一致,有无差错。土建、设备、采暖、通风等其他专业分工协作明确。

3) 精读

所谓精读就是将关键部位及设备等的施工图纸重新仔细阅读,系统地掌握施工要求。

练习题1.2

一、填空题

1. 电气施工图主要包括:_____、_____和_____。
2. 说出电气线路标注 N1:BV - 2×2.5 PC15 - CC 表示的含义。表示:N1 回路,_____根截面为_____的_____芯聚氯乙烯_____绝缘线,穿_____的_____沿_____暗敷设。
3. 说出电气线路标注 YJV_{22} - 4×120 + 1×50 - FC 表示的含义。表示:钢带铠装_____护套_____绝缘_____芯电力电缆,其中线芯_____根截面面积为 120mm^2,1 根截面面积为_____。
4. $12\dfrac{2\times40}{2.7}$CH,表示_____套灯具(每套2个灯管)均为_____W,安装高度_____m,CH 表示链吊式。
5. _____接线是指每一个用户都采用专线供电。
6. _____接线是指每条用电线路都从干线接出。
7. 链式接线也是指在一条供电_____上接出多条用电线路。与树干式不同的是,其线路的分支点在用电设备上或分配电箱内,即后面设备的电源引自前面设备的端子。链式接线连接的设备一般不超过_____,总容量不超过10kW。

二、思考题

1. 绘制照明施工图时,照明配电线路如何标注?
2. 绘制照明施工图时,照明灯具如何标注?
3. 绘制照明施工图时,低压断路器和熔断器如何标注?

三、分析题

1. 某住宅户型照明平面图如图 1.33 所示,说明:
(1) 该平面图中各文字、图形符号、标准所代表的含义。
(2) 分析图中的灯具—开关接线形式,注意导线根数的变化。

图1.33 某住宅户型照明平面图

2. 某办公楼动力配电柜系统图如图 1.34，试分析图中各标注的含义。

```
CT              SIWOG1-63/3   GM3-100L/33002 50A   YJV-0.6/1kV-5×16 CT       WP1  低区生活变频机组  22kW
  SIWOG1-250/3  SIWOG1-125/3  GM3-225L/33002 63A   YJV-0.6/1kV-4×25+1×16 CT  WP2  中区生活变频机组  30kW
                SIWOG1-125/3  GM3-225L/33002 80A   YJV-0.6/1kV-4×35+1×16 CT  WP3  高区生活变频机组  37kW
   P_e=89kW     BLB65LE-63/2P-C16/30mLA1 N PE      BV-3×2.5 SC15             WP4  检修插座
   cosφ=0.8
   I_js=168A
```

图 1.34　某办公楼动力配电柜系统图

项目 2 照明工程光照设计

任务 2.1 照明方式与种类选择

任务说明	认真阅读《照明设计手册》、GB 50034—2013《建筑照明设计标准》，对某办公楼照明工程进行照明方式与种类选择
学习目标	初步具备照明方式与种类选择的能力
工作依据	教材、土建施工图纸、手册、规范
实施步骤	1. 认真阅读 GB 50034—2013《建筑照明设计标准》和《照明设计手册》，熟悉照明工程光照设计相关规范和标准要求 2. 对办公楼照明工程进行照明方式与种类选择
任务成果	办公楼照明工程光照设计说明

照明分为自然照明（天然采光）和人工照明两大类。电气照明具有灯光稳定、色彩丰富、控制调节方便和安全经济等优点，成为应用最为广泛的一种照明方式。在进行建筑电气设计时，除了考虑照度标准外，还需要考虑照明的方式和种类。

2.1.1 照明方式

1. 一般照明

照明器基本均匀布置，整个场地获得均匀的水平照度。适用于工作位置密度大而对光照方向无特殊要求的场所，如：教室、阅览室、体育场、市场等。

2. 分区一般照明

根据实际需要，以工作对象为重点，按工作区布置灯具，将照明器分组集中，均匀布置在工作区正上方，以提高特定区域的一般照明方式。

3. 局部照明

对局部地点需要高照度并对照射方向有要求时设置的一种照明方式。

4. 混合照明

一般照明和局部照明共同组成。混合照明中一般照明的照度一般应不低于总照度的 5%～10%，并且最低照度不低于20lx。

2.1.2 照明种类

1. 正常照明

为满足正常工作而设置的室内外照明。

2. 应急照明

对正常照明因故障熄灭后，将会造成爆炸、火灾、人身伤亡等事故的场所，供继续工作、顺利疏散或人员安全的照明；应急照明包括备用照明、疏散照明和安全照明。

1) 备用照明

正常照明因故障熄灭后，供事故情况下暂时继续工作而设置的照明。

设置场所：

(1) 消防控制室、消防泵房、排烟机房、发电机房、变电室、电话机房、中央监控室。

(2) 多层建筑中层面积>1500m^2的展厅、营业厅，面积>200m^2的演播厅。

(3) 高层建筑中的观众厅、多功能厅、餐厅、会议厅、国际候车（机）厅、展厅、营业厅、出租办公用房、避难层和封闭楼梯间。

(4) 人员密集且面积>300m^2的地下建筑。

设置要求：

场所（1）保持正常的照度水平。

场所（2）～（4）不低于正常照度的1/10，但最低不宜低于5lx。

场所（1）～（5）持续工作时间>120min。

2) 疏散照明

正常照明因故障熄灭后，确保人员安全地从室内撤离而设置的照明。

设置场所：

(1) 安全出口标志灯：楼梯口、疏散出口。

(2) 疏散标志指示灯：疏散走道、楼梯间，防烟楼梯间及其前室，消防电梯间及其前室。

(3) 疏散照明灯：疏散走道，防烟楼梯间及其前室，消防电梯间及其前室。

设置要求：

场所（1）、（2）15cd/m^2<L<300cd/m^2，E_{min}>0.5lx，T>30min(60min)。

场所（3）正常照明协调布置，E_{min}>0.2lx，T>30min（超高层60min）。

3) 安全照明

正常照明因故障熄灭后，为确保处于危险中的人员安全而设置的照明。

设置场所：医院手术室、炼钢车间等一旦停电会危及生命安全的场所。

设置要求：保持正常的照度水平。

3. 值班照明

非工作时间供值班人员观察用的照明。可以利用正常照明中能单独控制的一部分，或者应急照明中的一部分或者全部。

4. 警卫照明

根据警戒任务的需要，在厂区、仓库区或其他设施警戒范围内装设的照明。

5. 装饰照明和艺术照明

美化装饰空间而设置的照明。

6. 航空障碍照明

装设在高建筑物顶上作为飞行障碍标志用或者有船舶通行的航道两侧建筑物上作为障碍标志的照明。建筑物航空障碍照明应装设在建筑物或构筑物的最高部位。当至高点平面面积较大或为建筑群时，除在最高端装设障碍标志灯之外，还应在其外侧转角处的顶端分别设置。障碍灯宜采用自动切断其电源的控制装置。

设置原则：

(1) $h=60\sim90\mathrm{m}$，应为红色恒定低光强的灯。

(2) $h=90\sim150\mathrm{m}$，应为红色恒定中光强的灯。

(3) $h>150\mathrm{m}$，应为白色光。

其负荷等级按主体建筑中的最高负荷等级要求供电。

练习题2.1

1. 简述照明的种类。
2. 简述照明的方式，并说明其适用范围。
3. 应急照明包括哪些种类？其中安全照明和备用照明的区别是什么？

任务 2.2　电光源选择

任务说明	认真阅读《照明设计手册》、《建筑照明设计标准》（GB 50034—2013），对办公楼照明工程进行光源选择，形成光照设计说明
学习目标	初步具备光照设计的能力
工作依据	教材、土建施工图纸、手册、规范
实施步骤	1. 认真阅读《建筑照明设计标准》和《照明设计手册》，熟悉照明工程光照设计相关规范和标准要求 2. 对办公楼楼照明工程进行电光源选择，明确办公楼房间照明和公共区域照明光源种类
任务成果	形成办公楼照明工程光照设计说明

电气照明是以光学为基础的,所谓照明,就是合理运用光线以达到满意的视觉效果,它归根结底是一种光线的应用技术,是光的控制与分配技术。

2.2.1 光和光的度量

1. 光的本质

光是能量的一种存在方式。从物理学角度,可见光是波长在380~780nm的电磁波;从照明工程学角度,可见光就是通过视觉器官能引起视觉的辐射能。照明技术的实质主要是对光的控制与分配的技术。

2. 可见光

在光的各个波长区域内,可见光仅占很小的一部分,波长为380~780nm的电磁波,作用于人的视觉器官能产生视觉,这一部分电磁波叫"可见光"。顾名思义,可见光能引起人的视觉。

3. 光与颜色

不同波长的可见光,在视觉上会形成不同的颜色。$\lambda = 780\sim630$nm,红光;$\lambda = 630\sim660$nm,橙光;$\lambda=600\sim570$nm,黄光;$\lambda = 570\sim490$nm,绿光;$\lambda=490\sim450$nm,青光;$\lambda = 450\sim430$nm,蓝光;$\lambda=430\sim380$nm,紫光。

100nm$<\lambda<380$nm,紫外线;780nm$<\lambda<100000$nm,红外线。紫外线、红外线和可见光统称为光。

4. 光的基本度量单位

1)光通量

光通量指光源在单位时间内向周围空间辐射的,能引起光感的电磁能量;符号为Φ,单位为流明(lm)。

光通量是说明光源发光能力的基本量。例如:一只40W的白炽灯泡光通量350lm,而一只的220V,36W的T8荧光灯的光通量约为2500lm,这说明荧光灯的发光能力比白炽灯强,这只荧光灯的发光能力是这只白炽灯的7倍。

2)发光强度

发光体在某一个特定方向上单位立体角内(单位球面度内)所发出的光通量,称为光源在该方向上的发光强度,简称光强;符号为I,单位为坎德拉(cd)。立体角:任意一个封闭的圆锥面所包围的空间。光强的表达式为

$$I = \mathrm{d}\Phi/\mathrm{d}\omega$$

立体角的定义是任意一个封闭的圆锥面所围的空间。立体角是以锥的顶点为球心,半径为r的球面被锥面所截得的面积来度量的。当锥面在球面上截得的面积为$\mathrm{d}A$,则该立体角即为一个单位$\mathrm{d}\omega$,其表达式为

$$\mathrm{d}\omega = \frac{\mathrm{d}A}{r^2}$$

若光源发射的光通量比较均匀时,各个方向的光强相等,其值为$I = \Phi/\omega$。

发光强度是用来描述光源发出的光通量在空间给定方向上的分布情况的。当光源发出的光通量一定时,光强的大小只与光源的光通量在空间的分布密度有关。

例如，桌上有一盏220V，40W 白炽灯，其发出的光通量为350lm，该裸灯泡的平均光强为350/4π=28cd。在该灯泡上面装上一盏不透光的平盘型灯罩之后，桌面看上去要比没有灯罩时亮许多。在此情形下，灯泡发出的光通量并没有变化，但加了灯罩之后，光通量经灯罩反射后更为集中地分布在灯的下方，向下的光通量增加了，相应的光强提高了，亮度也就增加了。

3) 照度

当光源的光通量投射到物体表面时，即可把物体表面照亮。那么，对于被照物体而言，常用照度来衡量落在它表面上的光通量的多少，即照度是描述被照面被照射的程度的光度量。

其定义为：被照物体表面上一点的照度等于入射到该表面包含这点的面元上的光通量 $d\Phi$ 与面元的面积 dA 之比。简单地说就是被照面上单位面积入射的光通量；符号为 E，单位为勒克斯（lx），表达式为

$$E = d\Phi/dA$$

若任意被照明 A 上入射的光通量为 Φ，则可以平均照度表示，即

$$E = \Phi/A$$

$1lx = 1lm/1m^2$，它表示在 $1m^2$ 的面积上均匀分布 $1lm$ 的光通量的照度值。

【例 2.1】 100W 普通白炽灯输出的光通量为 1250lm，假设光源向四周是均匀发射其光通量的，求灯下 2m 处的照度值。

【解】

$$E = \frac{\Phi}{A} = \frac{\Phi}{4\pi r^2} = \frac{1250}{4\pi \times 2^2} = 24.9 lx$$

能否看清一个物体，与这个物体单位面积所得到的光通量有关。所以，照度是照明工程 中最常用的术语和重要的物理量之一，因为在当前的照明工程设计中，一直将照度值作为考察照明效果的量化指标。为了对照度有一个大概的概念，下面举几个常见的例子：

(1) 在 40W 白炽灯下 1m 处的照度为 30lx；加搪瓷灯罩后为 70lx。

(2) 满月晴空月光下为 0.2lx；晴朗白天中午室内照度 100～500lx。

一般情况下，1lx 的照度仅能辨别物体轮廓；照度为 5～10lx，看一般书籍比较困难；短时阅读的照度不应低于 50lx。

4) 亮度

亮度指被视物体在视线方向单位面积投影面上所发出的光度（发光强度）；符号为 L，单位为坎德拉每平方米（cd/m^2）。

"亮度"是表征发光面发光强弱的物理量，是眼睛对发光体明暗程度的感受。一般当亮度超过 $160000cd/m^2$ 时，人眼就感到难以忍受了。

上述度量单位中，光通量描述光源的发光能力；发光强度描述光源的光通量密度大小；二者均是描述发光体的性能指标。照度描述被照物体接受的光通量；亮度描述物体明亮程度；二者均是描述被视物体的性能指标。一般用照度进行有关的照明设计计算，但影响人的视觉效果的实际上是亮度。

5. 物体的光照性能

当光通量 Φ 投射到物体上时，一部分光通量被物体表面反射回去，一部分光通量被物体所吸收，而余下的光通量则透过物体，如图 2.1 所示。

图 2.1　光通量投射到物体

反射比 ρ、吸收比 α、透射比 τ 三个参数之间有如下关系

$$\rho+\alpha+\tau=\Phi_\rho/\Phi+\Phi_\alpha/\Phi+\Phi_\tau/\Phi=1$$

6. 光与人的视觉之间的关系

视觉是光射入眼睛后产生的一种知觉，即视觉依赖于光。

1）视野

视野也叫"视场"，是指人不动时，眼睛可以看到的空间范围。人的视野范围：上 50°、下 75°、左右各 100°。

2）视觉的阈限

视觉的阈限指能引起光感的最低限度的亮度。影响视觉阈限的因素：目标物大小、目标物发光颜色、背景亮度、所视物体时间长短等。视觉阈限亮度为 $10\sim6\mathrm{cd/m^2}$，视觉忍受的最大亮度为 $106\mathrm{cd/m^2}$。

3）明视觉、暗视觉和中介视觉

明视觉：视场亮度在 $3\mathrm{cd/m^2}$ 及以上时；暗视觉：视场亮度在 $0.03\mathrm{cd/m^2}$ 及以下时；中介视觉：视场亮度在 $0.03\sim3\mathrm{cd/m^2}$ 时。

4）明视觉与暗视觉的适应性

适应性又分明适应和暗适应两种，明适应需 1min 左右，暗适应过程需 3~4min。

5）看清物体的基本条件

基本条件包含两个方面的因素：

（1）物体自身因素：大小、速度、自身亮度。

（2）物体所在视场的光环境：环境亮度。

合理的亮度（照度）、适合的对比度、眩光的限制是看清物体的基本条件。

2.2.2　电光源的概念、分类与性能指标

1. 概念

电光源泛指各种通电后能发光的器件，而用作照明的电光源则称作照明电光源。电光

源问世已100多年了，产品至今已经历了多次重大发明，目前电光源主要有白炽灯、卤钨灯、荧光灯、高强度气体放电灯以及场致发光灯和半导体灯。

电光源能把电能转换成光能，从而提供光通量，它是照明灯具的核心部分。光源的种类不同，其主要性能也不相同

2. 分类

电光源按其工作原理可分为固体发光光源和气体放电光源两大类。

1) 固体发光光源

固体发光光源主要包括热辐射光源和电致发光光源两类。

（1）热辐射光源是以热辐射作为光辐射的电光源，包括白炽灯和卤钨灯，它们都是以钨丝为辐射体，通电后达到白炽温度，产生光辐射。

（2）电致发光光源是直接把电能转换成光能的电光源，包括场致发光灯和半导体灯。

2) 气体放电光源

气体放电光源是利用电流通过气体（或蒸汽）而发光的光源，它们主要以原子辐射形式产生光辐射。

3. 主要性能指标

电光源的性能指标通常是用参数表示光源的光电特性，这些参数由制造厂家提供给用户，作为选择和使用光源的依据。

1) 额定电压

光源的额定电压是指光源及其附件所组成的回路所需电源电压的额定值。光源只有在额定电压下工作时才具有最好的效果，才能获得各种规定的特性。因此在进行照明电气设计时，应保证供电电源的质量。

2) 灯泡（灯管）功率

灯泡（灯管）功率指灯泡（灯管）在工作时所消耗的功率。通常灯泡（灯管）按一定的额定功率等级制造，额定功率指灯泡（灯管）在额定电流下所消耗的功率。

3) 光通量（衡量电光源发光能力的重要指标）

额定光通量指电光源在额定工作条件下，无约束发光工作环境下的光通量输出。

额定光通量有两种定义方法：一种是指光源的初始光通量，即新光源刚开始点燃时的光通量输出，一般用于在整个使用过程中光通量衰减不大的光源，如卤钨灯；另一种是指光源点燃了100h后的光通量输出，一般用于光通量衰减较大的光源，如白炽灯和荧光灯。

4) 发光效率（表征光源经济效果的重要参数）

光源在额定状态下，灯泡消耗单位电功率所发出的光通量，即灯泡的光通量输出与它取用的电功率之比称为光源的发光效率，简称光效，单位是 lm/W。光效是表征光源经济效果的参数之一。

5) 寿命（衡量电光源可使用时间长短的重要指标）

寿命是光源的重要性能指标，通常用点燃的小时数表示。

（1）全寿命。光源从第一次点燃，到损坏熄灭时的累计燃点小时数。

（2）平均寿命。一组电光源从一同点燃起，到50%的电光源损坏为止，所经过的小时数。

（3）有效寿命：电光源从点燃起，至光通量降低70%～80%时，经过的燃点小时数。

6) 光色指标（是衡量光源颜色质量的指标）

光源的光色包含色表和显色性，是光源的重要性能指标。

(1) 色表与色温。色表指光源的表观颜色。在定性分析时，常用相关色温来度量。

光源发射光的颜色与黑体在某一温度下辐射的光色相同时的温度，称为该光源的色温。色温是以其发光体表面颜色来判定其温度的一个参数，如白炽灯的色温为 2400K（15W），日光色荧光灯的色温为 6500K。

① 暖色光：相关色温<3300K。
② 中见光：3300K≤相关色温≤5300K。
③ 冷色光：相关色温>5300K。

光源的颜色分类及适用场所见表 2-1。

表 2-1　光源的颜色分类及适用场所

光源的颜色分类	相关色温/K	颜色特征	适用场所举例
Ⅰ	<3300	暖	居室、餐厅、酒吧、陈列室等
Ⅱ	3300～5300	中间	教室、办公室、会议室、阅览室等
Ⅲ	>5300	冷	设计室、计算机房

(2) 显色性。光源的显色性是指光源对被照射物体颜色显现的性能。物体的颜色以日光或与日光相当的参考光源照射下的颜色为准。一般用显色指数 Ra 表示。$Ra=0\sim100$，指数越高显色性越好。

与日光相当的参考光源的一般显色指数（Ra）定为 100，被测光源的一般显色指数越高，说明该光源的显色性能越好，物体颜色在该光源照明下的失真度越小。白炽灯的一般显色指数为 97～99，荧光灯为 75～90。

光源的显色类别及适用场所见表 2-2。

表 2-2　光源的显色类别及适用场所

光源颜色分类	一般显色指数 Ra	光源示例	适用场所举例
Ⅰ	>80	白炽灯、卤钨灯、稀土节能荧光灯、三基色荧光灯、高显色高压钠灯	美术展厅、化妆室、客厅、餐厅、多功能厅、高级商店营业厅
Ⅱ	$60<Ra<80$	荧光灯、金属卤化物灯	教室、办公室、会议室、阅览室、候车室、自选商店等
Ⅲ	$40<Ra<60$	荧光高压汞灯	行李房、库房等
Ⅳ	<40	高压钠灯	颜色要求不高的库房、室外道路照明等

7) 电光源的启燃与再启燃时间

(1) 光源接通电源到光源的光通量输出达到额定值所需要的时间就是光源的启燃时间，热辐射光源的启燃时间一般不足 1s，可以认为是瞬时启燃的；气体放电光源的启燃时间从几秒钟到几分钟不等，取决于放电光源的种类。

（2）正常工作着的光源熄灭后再将其点燃所需要的时间就是光源的再启燃时间。大部分高压气体放电灯的再启燃时间比启燃时间更长，这是因为再启燃时要求这类灯冷却到一定的温度后才能正常启燃，即增加了冷却所需要的时间。

（3）启燃与再启燃时间影响着光源的应用范围。例如，频繁开关光源的场所一般不用启燃和再启燃时间长的光源，应急照明用的光源一般应选用瞬时启燃或启燃时间短的光源。

8）闪烁与频闪效应

（1）闪烁。用交流电点燃电光源时，在各半个周期内，光源的光通量随着电流的增减发生周期性的明暗变化的现象称为闪烁。闪烁的频率较高，通常与电流频率成倍数关系。一般情况下，肉眼不宜觉察到由交流电引起的光源闪烁。

（2）频闪效应。在以一定频率变化的光线照射下，观察到的物体运动呈现静止或不同于实际运动状态的现象称为频闪效应。具有频闪效应的光源照射周期性运动的物体时会降低视觉分辨能力，严重时会诱发各种事故。

【白炽灯】

2.2.3　常见电光源

1. 白炽灯

白炽灯是最早出现的热辐射光源，因而被称作第一代电光源。它发明于 19 世纪 60 年代。白炽灯结构简单、成本低廉、使用方便、显色性能好、点燃迅速、容易调光，因此在工业与民用建筑照明工程中得到了广泛的应用。

1）结构原理

白炽灯由玻壳、灯丝、芯柱、灯头等组成，它将灯丝加热到白炽的程度，利用热辐射发出可见光。白炽灯结构如图 2.2 所示。

图 2.2　白炽灯结构

2）型号表示方法

第一部分，字母，表示光源名称特征；第二部分，额定电压；第三部分，额定功率。例如：PZS220－40 表示双螺旋普通照明灯泡 40W，额定电压 220V；JZ220-25 表示局部照明灯 25W，额定电压 220V。

3）光电参数

额定工作电压 U_n，电压偏移 2.5%；$P=15\sim1000W$，$\Phi=110\sim18600lm$，光效 $\eta=8\sim19lm/W$；电压、振动对寿命影响大；色温在 2400～2900K，低色温，暖色调；显色指数 $Ra=99\sim100$。

4）工作特性

白炽灯具有显色性好，结构简单，使用灵活，能瞬时点燃，无频闪现象，可调光，可在任意位置点燃，价格便宜等特点。因其极大部分辐射为红外线，故光效最低。由于灯丝的蒸发很快，所以寿命也较短。

5）使用注意事项

冷态电阻比热态电阻小得多，所以在起燃瞬时的电流约为额定值的 8 倍以上。这时是灯丝最脆弱时期，常发生灯丝断裂的情况。故使用时尽量减少开关次数。对于高功率的白炽灯泡，由于其玻壳表面最高温度较高，故使用时防止水溅在灯泡上，以免玻壳炸裂。例如，300W 的白炽灯，其玻壳最高温度为 131℃；500W 的白炽灯，其玻壳最高温度为 178℃。

2. 卤钨灯

1）结构原理

【卤钨灯】

卤钨灯是在白炽灯基础上改进而得。卤钨灯主要由电极、灯丝、石英灯管组成。卤钨灯有单端引出和双端引出两种。白炽灯的钨丝在热辐射过程中蒸发并附着在灯泡内壁，使灯泡输出光通量越来越低。为了减缓这种进程，通常在灯泡内充以惰性气体（卤族元素），利用"卤钨循环"以抑制钨丝的蒸发。卤钨灯结构如图 2.3 所示。

图 2.3 卤钨灯结构

2）光电参数

$P=500\sim2000W$，$\Phi=9020\sim42000lm$，$\eta=20\sim30lm/W$；显色性好，$Ra=99\sim100$；色温 3000～3400K，其色温特别适合于电视转播照明，摄影及建筑物的泛光照明等。

3）工作特性

它与白炽灯比较，光效提高 30%，寿命增长 50%，一般达 1500h；具有体积小、功率大、能够瞬时点燃、可调光、无频闪效应、显色性好和光通维持性好等特点。这种灯多用于较大空间、要求高照度的场所。

3. 荧光灯

【荧光灯】

荧光灯俗称日光灯，是出现于 20 世纪 30 年代的电光源，它的发光原理与白炽灯完全不同，属于低气压汞蒸气弧光放电灯。荧光灯与白炽灯相比，最突出的优点是发光效率高（约为白炽灯光效的 4 倍，使用寿命长（约为白炽灯寿命的 2～3 倍）和光色好。

1）结构原理

直管式荧光灯的主要部件是灯头、热阴极和内壁涂有荧光粉的玻璃管。热阴极为涂有热发射电子物质的钨丝，玻璃管在抽真空后充入气压很低的汞蒸气和惰性气体氩。在管内壁涂上不同的荧光粉，则可制成月光色、白色、暖白色以及三基色荧光灯。荧光灯发光包含气体放电辐射和光致发光两个基本物理过程。荧光灯结构如图 2.4 所示。

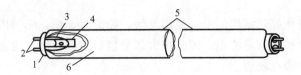

图 2.4　荧光灯结构

1—灯头；2—灯脚；3—芯柱；4—灯丝（钨丝）；
5—玻管（充惰性气体，内壁涂荧光粉）；6—汞（少量）

荧光灯的通电发光过程为：接通电源后，电源电压首先加在启辉器两端，双金属片受热膨胀接通，几秒钟后双金属片因为短接电阻为零不再产生热量，收缩断开。启辉器触电断开的瞬间，镇流器产生的瞬时高压和电源电压一起加在灯管两端，激活管内的荧光粉，灯光点亮。荧光灯工作线路图如图2.5所示。

图 2.5　荧光灯工作线路图

电子镇流器是由低通滤波器、整流器、缓冲电容器、高频功率振荡器和灯电流稳压器组成。电子镇流器原理图如图2.6所示。

图 2.6　电子镇流器原理图

a—降压电路；b—整流电路；c—滤波电路；d—驱动电路；e—镇流电路

电子镇流器主要功能：能够限制和稳定荧光灯的工作电流；有较高的功率因数（相对电感镇流器）；能限制交流输入市电的总谐波失真；在交流市电供电电压变化时，能稳定灯的工作电压、电流和功率。

2）型号表示方法

荧光灯型号表示分为三部分，分别表示光源特征，额定功率（W）和颜色特征。例如，YZK20RR 表示 20W 的日光色（RR）、快速启动式（K）、直管（Z）型荧光灯（Y）；

其他颜色还有冷白光色（RL）和暖白光色（RN），光源形状环形（H）和U形（U）。

3）光电参数

荧光灯的发光效率很高，一般为27～82lm/W。荧光灯的光效与使用的荧光粉的成分有很大关系，通常情况下，三基色荧光粉的转换效率最高，多光谱带三基色荧光粉的转换效率最低，而卤磷酸钙荧光粉的转换效率则介于二者之间。因此三基色荧光灯的光效最高，比普通荧光灯要高出20％左右。

一般卤磷酸钙的荧光粉显色指数$Ra=65～70$，三基色的荧光粉$Ra>80$。

荧光灯的寿命一般是指有效寿命，即荧光灯使用到光通量只有其额定光通量的70％为止。国产普通荧光灯的寿命约为3000～5000h。

4）"频闪"现象

荧光灯在交流电路中燃点时，随着电流的变化，其光通量发生相应的变化，因而引起灯光闪烁（频闪），发光成周期性的明暗变化的现象称为"频闪"现象。

消除频闪效应的方法：

（1）对单相供电的两灯管，采用电容移相的方法消除频闪效应。

（2）对三盏灯管及多灯管，尽量用分相供电。

（3）使用电子式镇流器。

5）工作特性

荧光灯具有表面亮度低，表面温度低，光效高，寿命长，显色性较好，光通分布均匀等特点。它被广泛用于进行精细工作、照度要求高或进行长时间紧张视力工作的场所。开关频繁会缩短灯管寿命，电压偏移对荧光灯的寿命和光效影响较大，环境温度和湿度对荧光灯的工作影响大。荧光灯的最佳环境温度为20～35℃，不宜户外使用。

6）目前常用类型

（1）直管型荧光灯。管径为38mm（T12），逐步向32mm（T10）、26mm（T8）、16mm（T5）发展。最佳的管径在18～22mm范围内，这大致在T5～T8的管径范围内，既节省材料又节能。

（2）紧凑型荧光灯（CFL）。紧凑型荧光灯又称为异形荧光灯，它是针对直管荧光灯结构复杂（需配套镇流器和启辉器）、灯管尺寸较大等缺点，研制开发出来的新一代电子节能灯。其特点是集白炽灯和荧光灯的优点于一身，光效高、寿命长、显色性好、体积小、使用方便。一般用在家庭、宾馆等场所。

【节能灯】

4. 高强度气体放电灯（HID灯）

高压汞灯、高压钠灯、金属卤化物灯都属于高强度气体放电灯，主要由灯头、玻璃外壳、放电管和附件等几部分构成。这类光源发光管表面的负载超过$3W/m^2$，故将它们统称为高强度气体放电灯（HID灯）。

1）高压汞灯

高压汞灯又称高压水银灯，是一种较新型的电光源，高压汞灯结构和电路图如图2.7所示。

（1）光电参数。

光效为25～53lm/W；寿命为24000h；色温为5400K（荧光高压汞灯

【高压汞灯】

图 2.7 高压汞灯结构和电路图
（a）结构；（b）电路图
1—放电管；2—玻璃外壳；E1、E2—主电极；E3—辅助电极

5000K）；显色指数为 22～25（荧光高压汞灯为 40～45）；启燃时间为 4～8min；再启燃时间为 5～10min。

（2）工作特性。发光效率高、寿命长、省电、耐振，广泛用于街道、广场、车站、施工工地等大面积场所的照明。

2）高压钠灯

【高压钠灯】

高压钠灯是利用钠蒸气放电的气体放电灯，它具有光效高、耐振、紫外线辐射小、寿命长、透雾性好、亮度高等优点。显色性差，其显色指数在 HID 灯中最低，$Ra=20～25$。适合需要高亮度和高光效的场所使用，如交通要道、机场跑道、航道、码头等场所的照明用。高压钠灯 τ 最长，可达 10000～20000h。与所有气体放电灯一样，它的寿命受电源电压稳定性、开关次数、镇流器等因素的影响。

3）金属卤化物灯

【金属卤化物灯】

金属卤化物灯是第三代光源，结构与高压汞灯相似，充入了金属卤化物，以提高光效和显色性。

（1）光电参数。光效：60～140lm/W，$\eta_{镝灯}>\eta_{钪钠灯}>\eta_{钠铊铟灯}$；色温：4500～7500K；寿命：5000～20000h；显色指数：65～95，$Ra_{镝灯}>Ra_{钠铊铟灯}>Ra_{钪钠灯}$；启燃时间为 5～10min；再启燃时间为 10～15min；自熄灭比高压汞灯严重，电压波动 $<\pm5\%U$。

（2）工作特性。发光效率高、光色好，适用于电视摄影、印染、体育馆及需要高照度、高显色性的场所；由于金属卤化物灯点燃位置变化时，管内蒸汽压力和最冷点温度随之变化，从而使光通和光色发生较大的变化。所以，在灯的安装时，应尽量按指定位置点灯，以获得最佳特性。

5. 发光二极管

【发光二极管】

LED（Lighting Emitting Diode）即发光二极管，是一种半导体固体发光器件。它是利用固体半导体芯片作为发光材料，在半导体中通过载流子发生复合放出过剩的能量而引起光子发射，直接发出红、黄、

蓝、绿、青、橙、紫、白色的光。LED 照明产品就是利用 LED 作为光源制造出来的照明器具。随着电子技术的发展，目前这种光源在交通、汽车、建筑领域的应用也越来越广泛。

1) 结构原理

LED 光源实际上是一个 PN 结的二极管。当电流从阳极流向阴极的时候，注入的少数载流子与多数载流子复合时会把多余的能量以光的形式释放出来，从而把电能直接转换为光能。从 LED 发光的过程来看：发出的光为单色光；不同的半导体材料发出不同的单色光；发光的强弱与正向电流有关。发光二极管结构如图 2.8 所示。

图 2.8 发光二极管结构

2) 光电参数

LED 使用低压电源，供电电压为 6~24V，根据产品不同而异，所以它是一个比使用高压电源更安全的电源，特别适用于公共场所；光效高，消耗能量较同光效的白炽灯减少 80%；稳定性好，色温为 3600~11000K，100000h 时，光衰为初始的 50%。

3) 工作特性

外形很小，每个单元 LED 小片为 3~5mm 的正方形，所以可以制备成各种形状的器件，并且适合于易变的环境；响应时间为纳秒级；改变电流可以变色。如小电流时为红色的 LED，随着电流的增加，可以依次变为橙色、黄色，最后为绿色；发热量低、抗振性能好，对环境无污染。

6. 场致发光灯

1) 结构原理

场致发光灯通常都组合成平板状，所以又称其为场致发光屏。场致发光屏通常由玻璃板、透明导电膜、荧光粉层、高介电常数反射层、铝箔和最底层的玻璃板叠合而成。发光屏与电极之间距离仅几十微米，因而在市电下，也能达到足够高的电场强度，使自由电子被加速到具有很高的能量，从而激发荧光粉使之发光。

【场致发光灯】

2) 工作特性

场致发光灯实际光效不到 15lm/W，寿命超过 5000h，耗电少，发光条件要求不高，并且可以通过电极的分割使光源分开，做成图案与文字。因此，场致发光屏被用在建筑物中作为指示照明或飞机、轮船仪表的夜间显示。

7. 常用光源特性比较

常用光源的主要特性比较见表2-3。

表2-3 常用光源的主要特性比较

	白炽灯	卤钨灯	荧光灯	紧凑荧光灯	高压汞灯	高压钠灯	金属卤化物灯
额定功率/W	10～1500	60～5000	4～200	5～55	50～1000	35～1000	35～3500
发光效率/(lm/W)	7.3～25	14～30	44～87	30～50	70～100	52～130	
平均寿命/h	1000～2000	1500～2000	8000～15000	5000～10000	10000～20000	12000～24000	3000～10000
一般显色指数R_a	95～99	95～99	70～95	≥80	30～60	23～85	60～90
色温/K	2400～2900	2800～3300	2500～6500	2500～6500	4400～5500	1900～3000	3000～7000
表面亮度/(cd/m²)	10^7～10^8	10^7～10^8	10^4	$(5～10)\times 10^8$	10^5	$(6～8)\times 10^8$	$(5～78)\times 10^4$
启燃稳定时间	瞬时	瞬时	1～4s	10s	4～8min	4～8min	4～10min
再启燃稳定时间	瞬时	瞬时	1～4s	10s	5～10min	10～15min	10～15min
功率因数	1	1	0.33～0.7	0.5～0.9	0.44～0.67	0.44	0.4～0.6
闪烁	无	无	有	有	有	有	有
电压变化对光通量输出的影响	大	大	较大	较大	较大	大	较大
环境变化对光通量输出的影响	小	小	大	大	较小	较小	较小
耐振性能	较差	差	较好	较好	好	较好	好
附件	无	无	有	有	有	有	有

光效较高的有高压钠灯、高压汞灯、金属卤化物灯和荧光灯；显色性较好的有白炽灯、卤钨灯、荧光灯、金属卤化物灯；寿命较长的电光源有高压汞灯和高压钠灯、金属卤化物灯；能快速启燃和再启燃的电光源是白炽灯、卤钨灯荧光灯（电子镇流器）等；显色性最差的为高压钠灯和高压汞灯等；受环境变化影响小的为白炽灯、卤钨灯；受环境变化影响大的为荧光灯。

2.2.4 电光源的选用

选用电光源首先要满足照明设施的使用要求，其次要按环境条件选用，最后综合考虑初投资与年运行成本，具体如下。

1. 根据照明设施的目的与用途选用光源（照度、显色性、色温、启动、再启动时间等）

（1）对美术馆、博物馆、化学实验室、商店的陈列照明、医院的诊断照明等对显色性要求很高的场所，应选用显色指数高的光源，一般$R_a \geq 80$。故而选用白炽灯、卤钨灯、高显色性荧光灯、三基色荧光灯等显色性好的光源作为局部装饰或一般照明光源。

（2）与此相反，对显色性要求不高而且相对照度要求高的场所，如高大厂房的一般照明、道路照明、广场、港口的投光照明灯无须仔细分辨颜色的大面积照明，考虑到维修方便、寿命长的要求，可采用高压钠灯、低压钠灯。

（3）对要求光色好、照度高的场合，如体育馆和大型精密产品的总装车间等，就要用金属卤化物灯。

2. 按环境要求选用光源

（1）对电网负荷大，电网电压波动变化较大的场所，宜选用受电压变化影响小的光源，如荧光灯、低压钠灯，不宜选用高压钠灯和白炽灯，否则高压钠灯易熄灭，白炽灯会光通量下降。

（2）对频闪效应有高要求的场所，如机床设备房的局部照明，不宜选气体放电灯，而应选用白炽灯、卤钨灯。

（3）对有振动的场所，不宜选用抗振性能较差的卤钨灯，可选荧光高压汞灯或高压钠灯。

（4）低温场所，如冷冻机房等，不宜选用带电感镇流器的预热式荧光灯，以免造成启动困难。

（5）对装有空调的场所，不宜选用发热量大且光效低的白炽灯、卤钨灯，以免增加用电量。宜选用冷光源，如荧光灯。

（6）对需要考虑光环境对人心理作用的场合，而不太注意光的照度要求，如给人以舒适感、宁静安详的场合，如休息厅、卧室、咖啡厅和高级客房，就需用低色温的光源，使其发出的光偏红色，如白炽灯。

（7）对无自然采光或自然采光不足而人们又需要长期停留进行工作、学习、生活的场所，如办公室、教室、阅览室、住宅的门厅等，就需选用日光色的荧光灯，以达到与日光相近的显色性和较高的照度要求。

（8）频繁开关的场所，如走廊、过道等用于专路照明，且对照度要求不高，就选用白炽灯。

（9）要求瞬时点燃的事故照明和应急照明，如重要档案馆、机密室、重要的厂房车间、火灾时疏散人群的道路指示灯等，需采用白炽灯或卤钨灯或采用冷阴极瞬时启动线路的荧光灯，不能用高强度气体放电灯。

（10）需调光的场所：白炽灯、卤钨灯。

3. 按投资与年运行费用选用光源

年运行费用包括电力费、年耗用灯泡费、照明装置的维护费以及折旧费，其中电费和维护费占较大比重。这里主要考虑光效高的光源，以节省照明设施的数量和灯具材料费用及安装费用等；同时，考虑到维修费用和折旧费用，又须选择寿命长的光源，如高压钠灯、低压钠灯，故常用在道路、桥梁、高大厂房照明。

练习题2.2

一、填空题

1. 热辐射光源：利用某种物质通电加热而辐射发光的原理制成的光源，如＿＿＿＿＿、＿＿＿＿＿和＿＿＿＿＿等。

2. 气体放电光源：利用汞或钠气体辐射的紫外线激活荧光粉发光的原理制成的光源，如_____、高压汞灯和高压_____等。

3. 电气照明中，常用的光度量有_____、发光强度、_____和亮度等。

4. 照度指单位被照面积上所接受的_____；符号_____，单位_____ 公式：$E=$_____。

5. 比较：_____描述光源的发光能力；_____描述光源的光通量密度大小；二者均是描述发光体的性能指标。_____描述被照物体接受的光通量；_____描述物体明亮程度；二者均是描述被视物体的性能指标。

6. 一般用_____进行有关的照明设计计算，但影响人的视觉效果的实际是_____。

7. 100W白炽灯输出的额定光通量为1250lm，灯下2m处的照度值是_____。

二、简述题

1. 试述下列常用光度量的定义及其单位：
（1）光通量。
（2）光强（发光强度）。
（3）照度。
（4）亮度。

2. 常用的照明电光源分几类？举例说明各类主要有哪几种灯。

3. 照明电光源有哪些性能指标？它们如何反映电光源的性能？

任务 2.3　照明器选择与布置

任务说明	认真阅读《照明设计手册》、GB 50034—2013《建筑照明设计标准》，对办公楼照明工程进行照明器的选择与布置，形成光照设计说明
学习目标	初步具备光照设计的能力
工作依据	教材、土建施工图纸、手册、规范
实施步骤	1. 认真阅读 GB 50034—2013《建筑照明设计标准》和《照明设计手册》，进一步熟悉照明工程光照设计相关规范和标准要求 2. 对办公楼照明工程进行照明器的选择与布置，明确灯具的类型、平面布置方式、垂直布置方式 3. 估算灯具数量，画出灯具平面布置草图
任务成果	办公楼照明工程灯具平面布置草图

2.3.1 照明器的概念及分类

1. 概念

照明工程中,照明器是指光源与灯具的组合;而灯具则是指除光源以外所有用于固定和保护光源的全部零件,以及与电源连接所必需的线路附件。

灯具主要有如下几方面作用。

(1) 固定光源及其控制装置,保护它们免受机械损伤,并为其供电,让电流安全地流过灯泡(管)。

(2) 控制灯泡(管)发出光线的扩散程度,实现需要的配光,防止直接眩光。

(3) 保证照明安全,如防爆等。

(4) 装饰美化环境。

可见,照明设备中仅有电光源是不够的。灯具和电光源的组合叫做照明器,有时候也把照明器简称灯具,这样比较通俗易懂。

2. 分类

按照照明器的配光曲线、结构特点、安装方式、距高比等进行分类。

(1) 按照明器的配光曲线进行分类,即按上射和下射光通量所占的比例进行分类,分为5类。常用灯具配光分类表见表2-4和图2.9。

【灯具分类】

表2-4 常用灯具配光分类表

类 型		直接型	半直接型	漫射型	半间接型	间接型
光通量分布特性(占照明器总光通量)	上半球	0~10%	10%~40%	40%~60%	60%~90%	90%~100%
	下半球	100%~90%	90%~60%	60%~40%	40%~10%	10%~0
特点		光线集中,工作面上可获得充分照度	光线能集中在工作面上,空间也能得到适当照度。比直接型眩光小	空间各个方向光强基本一致,可达到无眩光	增加了反射光的作用,使光线比较均匀柔和	扩散性好,光线柔和均匀。避免了眩光,但光的利用率低
所属灯具举例		嵌入式格栅荧光灯、圆格栅吸顶灯、广照型防水防尘灯、防潮吸顶灯	深照式荧光灯、搪瓷深照灯、镜面深照灯、探照型防振灯、配照型工厂灯、防振灯	简式荧光灯、纱罩单吊灯、塑料碗吊灯、尖扁圆吸顶灯、方形吸顶灯	平口橄榄罩吊灯、束腰单吊灯、圆球单吊灯、枫叶罩单吊灯、彩灯	伞型罩单吊灯
示意图						

图 2.9 照明器按配光曲线分类
(a) 直接型；(b) 半直接型；(c) 漫射型；(d) 间接型

① 直接型：绝大部分光通量（90%～100%）直接投照下方，光通量的利用率最高。

② 半直接型：大部分光通量（60%～90%）射向下半球空间，少部分（10%～40%）射向上方，射向上方的光通量将减少照明环境所产生的阴影的硬度并改善其各表面的亮度比。

③ 漫射型：灯具向上向下的光通量几乎相同（各占40%～60%）。最常见的是乳白玻璃球形灯罩。这种灯具将光线均匀地投向四面八方，因此光通利用率较低。

④ 半间接型：灯具向下光通占10%～40%，它的向下分量往往只用来产生与天棚相称的亮度。上面敞口的半透明罩属于这一类。它们主要作为建筑装饰照明，由于大部分光线投向顶棚和上部墙面，增加了室内的间接光，光线更为柔和宜人。

⑤ 间接型：灯具的小部分光通（0～10%）向下。设计得好时，全部天棚成为一个照

明光源，达到柔和无阴影的照明效果，由于灯具向下光通很少，只要布置合理，直接眩光与反射眩光都很小。此类灯具的光通利用率最低。

（2）按照明器的安装方式进行分类，如图 2.10 所示。

图 2.10 按照明器的安装方式分类

（a）悬吊型；（b）吸顶型；（c）壁灯；（d）嵌入顶棚型；（e）半嵌入型；
（f）落地型；（g）台型；（h）庭院型；（i）道路广场型

① 悬吊型：即灯具吊挂在顶棚上。根据吊用的材料不同，分为线吊型、链吊型和管吊型。悬挂可以使灯具离工作面近一些，提高照明经济性，主要用于建筑物内的一般照明。

② 吸顶型：即灯具吸附在顶棚上。一般适用于顶棚比较光洁而且房间不高的建筑物。

③ 嵌入顶棚型：除了发光面，灯具的大部分都嵌在顶棚内。一般适用于低矮的房间。

④ 壁灯：即灯具安装在墙壁上。壁灯不能作为主要灯具，只能作为辅助照明，并且带有装饰效果。一般多用小功率电源。

（3）按照明器的结构特点进行分类，如图 2.11 所示。

图 2.11 按照明器的结构特点分类

（a）开启型；（b）闭合型；（c）密闭型；（d）安全型；（e）隔爆型

①开启型：光源与外界空间直接接触，无透光罩，维护检修方便，但光源、反光器极易受外界空气的污染而影响其照明效果。适用于对照明质量要求不高和灰尘不多的一般街道等处的照明。

②闭合型：透光罩将光源包围，但透光罩内外的空气能自由流通。

③密闭型：内外气压不能流通。适用于浴室、厨房、潮湿或者有水蒸气的车间、仓库及隧道等场所，如防潮灯。

④防爆型：灯罩及其固定处均能承受要求的压力，能安全使用在有爆炸危险性介质的场所。防爆型又分成安全型和隔爆型。

(4) 按照明器的最大允许距高比进行分类。一般情况下，室内照明基本上都采用直接型灯具，按照灯具的允许距高比均匀布置，以确保水平工作面上获得较均匀的照度。

距高比：相邻照明器之间的距离 L 与照明器到工作面的距离 h 之比，用 λ 表示。

$$\lambda = L/h$$

布置灯具时，实际距高比≤最大允许距高比，工作面上就会获得比较均匀的照度，如图 2.12 所示。

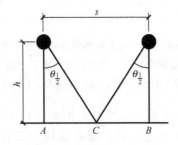

图 2.12 照度均匀布置

①特深照配光型：光通量和最大发光强度值集中在 0～15°的狭小立体角内。允许距高比＜0.4。这种灯具一般用于制造某种特殊的氛围，属于补充照明。

②深照配光型：光通量和最大发光强度值集中在 0～30°的狭小立体角内。允许距高比 0.7～1.2。这种灯具一般用于较高的厂房。

③中照配光型（Ⅰ）：又称余弦配光型。发光强度 I_θ 与角度 θ 的关系符合余弦规律。允许距高比 1.3～1.5。它不仅能使水平工作面上获得较均匀的照度，而且能获得较高的垂直面照度。这种灯具一般用于面积较大的房间，是应用最广泛的照明灯具。

④广照配光型：光线的最大发光强度分布在较大角度上，可在较广的面积上形成均匀的照度。适用较大房间。允许距高比可达 2.0。这种灯具可用于各种室内照明，尤其是面积较大的房间。

⑤特广照配光型：最大光强值分布在 60°附近，而 0～30°内光强值较小。允许距高比可达 4.0。这种灯具一般用于道路照明和大厂房照明。

表 2-5～表 2-7 给出了选择照明器的参考数据。

表 2-5 照明器防触电分类

照明器等级	照明器主要性能	应用说明
0 类	依赖基本绝缘防止触电，一互绝缘失败，靠周围环境提供保护，否则，易触及部分和外壳会带电	安全程度不高，适用于安全程度好的场合，如空气干燥、尘埃少、木地板等条件下的吊灯、吸顶灯
Ⅰ类	除基本绝缘外，易触及的部分和外壳有接地装置，一旦基本绝缘失效时，不致有危险	用于金属外壳的照明器，如投光灯、路灯、庭院灯等
Ⅱ类	采用双重绝缘或加强绝缘作为安全防护，无保护导线（地线）	绝缘性好，安全程度高，适用于环境差、人经常触摸的照明器，如台灯、手提灯等
Ⅲ类	采用安全电压（交流有效值不超过50V），灯内不会产生高于此值的电压	安全程度最高，可用于恶劣环境，如机床工作灯、儿童用灯等

表 2-6 照明器结构分类

结构	特点
开启型	光源与外界空间直接接触（无罩）
闭合型	透明罩将光源包合起来，但内外空气仍能自然流通
密闭型	透明罩固定处加严密封闭，与外界隔绝相当可靠，内外空气不能流通
防爆型	能安全地在有爆炸危险性介质的场所使用。有安全型和隔爆型。安全型在正常运行时不产生火花电弧；或把正常运行时产生的火花电弧的部件放在独立的隔爆室内。隔爆型在照明器内部产生爆炸时，火焰通过一定间隙的防爆面后，不会引起照明器外部的爆炸
防振型	照明器采取防振措施，安装在有振动的设施上

表 2-7 照明器安装方式分类

安装方式	特点
壁灯	安装在墙壁上、庭柱上，用于局部照明或没有顶棚的场所
吸顶灯	将照明器吸附在顶棚面上，主要用于没有吊顶的房间。吸顶式的光带适用于计算机房、变电站等
嵌入式	适用于有吊顶的房间，照明器是嵌入在吊顶内安装的，可以有效消除眩光。与吊顶结合能形成美观的装饰艺术效果
半嵌入式	将照明器的一半或一部分嵌入顶棚，其余部分露在顶棚外，介于吸顶式和嵌入式之间。适用于顶棚吊顶深度不够的场所，在走廊处应用较多
吊灯	最普通的一种照明器安装形式，主要利用吊杆、吊链、吊管、吊灯线来吊装饰照明器

(续)

安装方式	特　点
地脚灯	主要作用是照明走廊，便于人员行走。用在医院病房、公共走廊、宾馆客房、卧室等处
台灯	主要放在写字台上、工作台上、阅览桌上，作为书写阅读使用
落地灯	主要用于高级客房、宾馆、带茶几沙发的房间以及家庭的床头或书架旁
庭院灯	灯头或灯罩多数向上安装，灯管和灯架多数安装在庭、院地坛上，特别适于公园、街心花园、宾馆以及机关学校的庭院内
道路广场灯	主要用于夜间的通行照明。广场灯用于车站前广场、机场前广场、港口、码头、公共汽车站广场、立交桥、停车场、集合广场、室外体育场等
移动式灯	用于室内、外移动性的工作场所以及室外电视、电影的摄影等场所
自动应急照明灯	适用于宾馆、饭店、医院、影剧院、商场、银行、邮电、地下室、会议室、动力站房、人防工程、隧道等公共场所。可以作为应急照明、紧急疏散照明、安全防火照明灯

2.3.2　照明器光学特性

照明器的光学特性主要包括光强分布、效率和灯具遮光角等指标。

1. 配光特性（光强分布特性）

下面介绍几个配光术语，如图 2.13 所示。

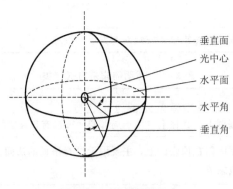

图 2.13　配光术语示意

配光：照明器在空间各个方向上的光强分布。

配光特性：用于表示光源或照明器的光强在空间各个方向上的分布状态的解析式、表格或曲线。

光中心：把一个具有一定尺寸的光源或照明器看作一个点，且认为所有光通量都是从该点发出。

垂直角与垂直面：观察光中心的方向与光轴向下方向所形成的夹角；垂直角所在的平面即为垂直面。

水平角与水平面：选一基准垂直面，观察方向所在的垂直面与基准垂直面形成的夹角就是水平角；垂直于光轴的任意面均称为水平面。

配光特性通常用配光曲线描述。用以描述照明器在空间各个方向光强分布的曲线称"配光曲线"。配光特性可以有不同的表示方法，常用的有曲线法、表格法、数学解析式法。

1）极坐标配光曲线

最适合于具有旋转对称配光曲线特性的照明器（装有白炽灯、高压汞灯、高压钠灯）。

以极坐标原点为中心，以极坐标的角度表示灯具的垂直角，以极坐标的矢量长度表示光强的大小，以一定比例的光强值为半径作一系列同心圆表示等光强线。

根据灯具的配光曲线，能比较容易求得灯具在某一方向上的光强值。

（1）旋转对称照明器。以极坐标的角度表示光强方向，以矢量的长度表示光强的大小。旋转对称照明器配光曲线如图2.14所示。

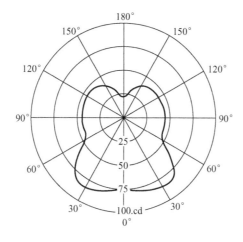

图2.14　旋转对称照明器配光曲线

（2）非旋转对称照明器。

非对称配光特性照明器的光强空间分布不对光轴旋转对称，但在一个垂直面内一般关于光轴对称，一般情况下，画出3个水平面不同角度的（0°、45°、90°）垂直面上的配光曲线即可。荧光灯照明器最主要的垂直配光曲线是垂直于纵轴的垂直面的配光曲线（A-A）。荧光灯垂直面如图2.16所示。

2）直角坐标配光曲线（狭窄配光照明器）

对于聚光很强的投光灯，其光强分布在一个很小的角度内，其配光曲线一般绘在直角坐标上，纵坐标表示光强，横坐标表示垂直角。这种表示方法的配光曲线在垂直方向上的光强值比极坐标表示法要准确一些，但是极坐标表示法比较形象。极坐标表示法如图2.17所示，直角坐标表示法如图2.18所示。

图 2.15 非旋转对称照明器（荧光灯）配光曲线

图 2.16 荧光灯垂直面

图 2.17 极坐标表示法

图 2.18 直角坐标表示法

3）列表法

实质与极坐标表示法完全一样，只是将曲线用表中数值表示而已。在实际应用中，用曲线表示比较形象，便于定性分析。但是在照明计算中，图解法不能保证精度，而列表中可以查到比较精确的光强值。可用插值法由表求出各点的光强值。

$$I_\theta = I_{\theta 1} + \frac{I_{\theta 2} - I_{\theta 1}}{\theta_2 - \theta_1}(\theta - \theta_1)$$

需注意，无论是由曲线还是用表格表示的配光特性，其中的光强值是在照明器中的光源光通量为1000lm时的光强值。应进行换算

$$\because I = \Phi_S/\omega$$

$$\therefore \frac{I_\theta^{1000}}{I_\theta} = \frac{1000/\omega}{\Phi_S/\omega} \Rightarrow I_\theta = \frac{\Phi_S}{1000} I_\theta^{1000}$$

$$I_\theta = \frac{\text{实际的光源光通量}}{1000\text{lm}} \times \text{光通量为1000lm时}\theta\text{方向上的光强}$$

2. 照明器效率

照明器效率反映照明器技术经济效果的重要指标；指从一个照明器输出的光通量与光源发出的总光通量之比。

电光源装入灯具后，它输出的光通量会受到限制，同时灯具也会吸收部分光能。因此，从灯具输出的光通量小于光源应输出的光通量，那么，从灯具输出的光通量 Φ_L 与灯具内所有光源在无约束条件下点燃时输出的总光通量 Φ_S 之比，叫做灯具效率，记作 η

$$\eta = \frac{\Phi_L}{\Phi_S}$$

灯具效率与灯具的形状、所用材料和光源在灯具内的位置有关。一般希望灯具效率应尽量提高，但也要保证合理的配光特性。

总的来说，敞口式灯具效率比较高。早年的格栅灯具效率很低，不足50%；近年来采用大网孔高隔片的格栅，材料采用抛光的铝合金或不锈钢，如果设计合理，灯具的效率可高于70%。

3. 亮度分布

灯具的亮度分布是灯具在不同观察方向上的亮度 L_θ 和表示观察方向的垂直角 θ 之间的关系，即 $L_\theta = f(\theta)$。灯具的亮度分布表示方法和配光特性一样，可用极坐标或直角坐标（图2.19）表示。

在实际应用中，主要是在垂直角45°及以上范围内的灯具亮度会对照明质量产生影响，因此，一般只画出垂直角范围内的亮度分布曲线。

4. 眩光

由于视野内的亮度分布不恰当，即在视野内出现了不同的亮度，形成大的亮度对比；或者视野内的亮度范围不合适，即视野内出现了太亮的发光体，引起刺眼的不舒适感或视力的降低，产生眩光。眩光作用的强弱与视线角度的相对位置有关。

图 2.19　灯具亮度分布

亮度分布特性

$$L_\theta = \frac{I_\theta}{A_\theta}$$

式中，A_θ 为对观察者而言能看到的面积。

5. 遮光角（保护角）

在照明技术中，为了满足视觉工作的需要，往往希望灯具发光面的平均亮度高一些，以获得较高的照度；但是，为了避免直射眩光，却希望灯具发光面的平均亮度低一些，以创造一个舒适的照明环境。显然，环境的照度和视觉舒适性对灯具表面的平均亮度值的要求是相互矛盾的。根据以上分析，只要限制灯具垂直角在 45°以上的表面亮度，就可以适当地解决这一矛盾，实际应用中可以采取的措施之一就是选择合适的灯具保护角。

灯具的保护角（图 2.20）指光源最边缘一点和灯具出口的连线和水平线之间的夹角，描述灯具遮挡直射光的范围。它实际上反映的是灯具遮挡光源直射光的范围，因此又称为

图 2.20　灯具的保护角

(a) 透明灯泡；(b) 乳白灯泡；(c) 双管荧光灯下方敞口；(d) 双管荧光灯下口透明

遮光角,通常用 α 表示。灯具的种类不同,保护角的计算方法也不同。格栅式灯具的保护角如图 2.21 所示。

图 2.21 格栅式灯具的保护角

一般照明器的保护角(遮光角)选在 $15°\sim30°$,直接型灯具的遮光角见表 2-8,格栅式灯具的保护角(遮光角)常取 $25°\sim45°$。

表 2-8 直接型灯具的遮光角

光源平均亮度/(kcd/m²)	遮光角	光源平均亮度/(kcd/m²)	遮光角
1~20	10°	50~500	20°
20~50	15°	≥500	30°

2.3.3 照明器选择

照明设计中,应选择既满足使用功能和照明质量的要求,又便于安装维护、长期运行费用低的灯具,具体应考虑以下几点。

1. 按配光的选择

配光的选择主要应根据各类灯具的配光特点及使用场合的要求来综合考虑。

(1) 在各种办公室及公共建筑中,房间的墙和顶棚均要求有一定的亮度,要求房间内各表面有较高的反射比,并需有一部分光直接射到顶棚和墙上,此时可以采用上射光通量不小 15% 的半直接型灯具,从而获得舒适的视觉条件及良好的艺术效果;有吊顶的大型办公室或大厅,可以采用嵌入式格栅荧光灯具;有空调的房间内可以选用空调灯具,以有效地节约电能。

(2) 工业厂房应采用效率较高的开启式直接型灯具。在高大的厂房内(6m以上),宜采用配光较窄的灯具,但对有垂直照度要求的场所则不宜采用,而应考虑有一部分光能照射到墙上和设备的垂直面上;厂房不高或要求减少阴影时,可采用中照型、广照型等配光的灯具,使工作点能受到来自各个方向的光线的照射。

(3) 为了限制眩光,应采用表面亮度低、保护角符合规定的灯具,如带有格栅或漫射罩的灯具,亦可采用蝙蝠翼配光的灯具,使视线方向的反射光通量减少到最低限度,可以显著地减弱光幕反射。

(4) 当要求垂直照度时,可选用不对称配光的灯具,也可采用指向型灯具(聚光灯、射灯等)。

2. 按环境条件选择

按环境条件选择灯具时,应特别注意有火灾危险、爆炸危险、灰尘、潮湿、振动和化学腐蚀等特殊的环境条件，灯具的外壳防护等级应确保灯具能在特殊环境条件下安全工作。

3. 按防触电保护要求选择

防触电保护0类灯具的安全程度不高，只能用于安全程度好的环境，如空气干燥、木地板的场所。

防触电保护防触电保护Ⅰ类灯具的金属外壳接地，安全程度有所提高，如投光灯、路灯、庭院灯等。

防触电保护Ⅱ类灯具的绝缘性好，安全程度高，适用于环境差、人经常触摸的灯具，如台灯、手提灯。

防触电保护Ⅲ类灯具的安全程度最高，用于恶劣环境，如机床灯、儿童用灯等。

4. 按经济性选择

在保证满足使用功能和照明质量要求的前提下，应对可供选择的灯具和照明方案进行经济合理性比较，主要考虑初投资费（灯具的净费用、安装费、灯泡的初始安装净费用）、年运行费（每年的电费、更换灯泡的年平均费）以及年维护费（换灯和清扫的年人力费）。在满足照明质量、环境条件和防触电要求的情况下，尽量选用效率高、利用系数高、安装维护方便的灯具。

5. 灯具外形应与建筑物相协调

灯具的造型尺寸、外表面的颜色等应与建筑物协调一致，还可以通过采用艺术灯具（灯、吊灯、特制的各种灯具等），来达到美化环境、烘托建筑的目的。

【灯具布置】

2.3.4 灯具布置

1. 布置原则

灯具的布置包括灯具悬挂的高度及平面的布置两个内容。对室内灯具的布置除了要求保证最低的照度条件外，还应使工作面上照度均匀、光线的照射方向适当，无眩光阴影，维护方便，使用安全，布置上整齐美观，并与建筑空间相协调。

一般灯具的布置方式有以下两种：均匀布置和选择布置。灯具的均匀布置是指灯具间距按一定的规律（如正方形、矩形、菱形等形式）均匀布置，使整个工作面获得比较均匀的照度，均匀布置适用于室内灯具的布置。灯具的选择布置是指为满足局部要求的布置方式。选择布置适用于有特殊照明要求的场所。

2. 垂直布置

选择合适的灯具悬挂高度是光照设计的重要内容，若灯具悬挂过高，则会降低工作面的照度从而必须加大光源的功率，不经济，同时也不便于维护和修理；若悬挂过低，则容易碰撞，不安全，且容易产生眩光，影响视觉工作。

为防止眩光，保证照明质量，室内一般照明灯具距地面最低悬挂高度可参考表2-9。

表 2-9 照明灯具距地面最低悬挂高度

光源种类	灯具形式	灯具遮光角	光源功率/W	最低悬挂高度/m
白炽灯	有反射罩	10°～30°	≤100	2.5
			150～200	3.0
	乳白玻璃漫射罩	—	≤100	2.5
			150～200	3.0
荧光灯	无反射罩	—	≤40	2.0
			>40	3.0
	有反射罩	—	≤40	2.0
			>40	2.0
荧光高压汞灯	有反射罩	10°～30°	<125	3.5
			125～250	5.0
	有反射罩带格栅	>30°	<125	3.0
			125～250	4.0
金属卤化物灯 高压钠灯 混光光源	有反射罩	10°～30°	<150	4.5
			150～250	5.5
	有反射罩带格栅	>30°	<150	4.0
			150～250	4.5

工作面高度 $h_{FC}=0.75\text{m}$，计算高度 $h_{RC}=H-h_{CC}-h_{FC}$，垂吊高度一般为 0.3～1.5m，多取 0.5～1.0m。

3. 平面布置

平面布置即确定照明器之间、照明器与墙之间的距离。

1) 均匀布置

均匀布置是指灯具之间按照一定规律进行布置的方式，在采用一般照明或分区一般照明方式的场所，大都选择这种布灯方法。

均匀布置的特点是将同型号的灯具按等分面积的方法，均匀布置成单一的几何图形（如直线形、正方形、矩形、菱形、角形、满天星形等），灯具布置与生产设备或工作面的位置无关，因而在整个工作面上都可以获得较均匀的照度。

均匀布置又分为正方形布置、矩形布置和菱形布置三种主要形式。对于均匀布置方式，判断照明器布置是否合理，主要靠确定距高比 $\lambda=L/h_R$（照明器的等效距离与计算高度的比值，查表可知）。照明器的几种均匀性布置方式和 L 值的确定如图 2.22 所示。

等效距离 L 的计算如下。

正方形布置：$L=L_1=L_2$

矩形布置：$L=L_1L_2$

菱形布置：$L=L_1L_2$

图 2.22 照明器的几种均匀性布置方式和 L 值的确定
(a) 正方形布置；(b) 矩形布置；(c) 菱形布置

2) 选择布置

选择布置是一种满足局部照明要求的灯具布置方案。对于局部照明（或定向照明）方式，当采用均匀布置达不到所要求的照度分布时，多采用这种布灯方案。

选择布置的特点是灯具的布置与生产设备或工作面的位置有关，以力求使工作面能获得最有利的光照方向，或突出某一部位，或加强某个局部的照度，或创造出某种装饰气氛。

4. 对称电光源照明器的布置

1) 确定计算高度 h_{RC}

h_{RC}＝建筑物层高－灯具悬吊距离－工作面高度 或 h_{RC}＝灯具最低悬挂高度－工作面高度

2) 确定灯具之间距离 L

由已知灯具的类型，查距高比，然后再按公式 $L=\lambda \cdot h_{RC}$ 求出灯间距。

若为正方形布置：L 即为灯间距。

若为矩形布置：L 为等效间距，可先确定 L_1，再按公式 $L_2=L^2/L_1$，求 L_2。

若为菱形布置：同矩形布置。

3) 求灯具与墙边的距离

靠墙无工作面时：$(1/3\sim1/2)L$ 或 $(0.4\sim0.5)L$。

靠墙有工作面时：$(1/4\sim1/3)L$ 或 $(0.25\sim0.3)L$。

5. 非对称光源照明器的布置（以荧光灯为例）

1) 求照明器之间的距离

$$L_{A-A}=\lambda_{A-A} \cdot h_{rc} \qquad L_{B-B}=\lambda_{B-B} \cdot h_{rc}$$

2) 求灯具与墙边间的距离

照明器两端部与墙壁的距离不宜大于 500mm，一般取 300～500mm，或为灯长的 1/5～1/3；即 $B-B$ 方向：灯端与墙边的距离为 1/5～1/3×灯长；$A-A$ 方向：灯与墙间的距离与对称的相同。

6. 步骤小结

(1) 确定计算高度 $h_{rc}=H-h_{cc}-h_{fc}$。

(2) 根据灯具类型查表，确定距高 λ，实际选的距高比不得大于表中的值。

(3) 确定灯间距和灯墙距 $L=\lambda h_{rc}$。

(4) 根据房间尺寸，确定行、列的灯具数量：每行/列灯具数量＝(长/宽)÷L 后取整加 1。

(5) 求出灯具的总数量。

【例 2.2】 有一绘图室的面积为 $9.6×7.4m^2$，室内高度为 3.5m。试进行照明器选择和布置。

【解】 (1) 选择照明器：因绘图室需要有较好的照明条件，故选择 YG2-1 型荧光灯。

(2) 计算高度：初步选定悬挂高度为 2.8m，工作高度为 0.75m。则计算高度 h 为
$$h=2.8-0.75=2.05(m)$$

(3) 照明器布置：查表得 YG2-1 型荧光灯的最大允许距高比，A—A 向为 1.46；B—B 向为 1.28。则可计算得：

荧光灯在 A—A 向的中心距离 $L'\leqslant 1.46×h=1.46×2.05=2.99(m)$

荧光灯在 B—B 向的中心距离 $L''\leqslant 1.28×h=1.28×2.05=2.62(m)$

最边行光源与墙的距离，计算得 $L=1/3L'=1/3×2.99=1.0(m)$

YG2-1 荧光灯管长约 1.3m，荧光灯两端与墙的距离取 0.4m。根据上述计算结果，可进行初步布置。

练习题2.3

一、填空题

1. 灯具的保护角反映的是灯具遮挡光源_____光的范围，又叫做_____，指光源发光体最边缘的一点和灯具出光口的连线与水平线之间的夹角。

2. 灯具布置包括_____布置和平面布置；平面布置分为_____和选择性布置，主要考虑高度、灯具最大允许_____比。

3. 灯具的_____是指相邻灯具之间的距离 L 和灯具到工作面的高度 h 之比，用 λ 表示。$\lambda=$_____。

4. 距高比_____，照度的均匀度好，但经济性差；距高比过大，布灯稀少，则照度的_____度不够。因此，一般实际的距高比要_____于灯具的最大距高比。

二、应用题

1. 某车间室空间高度4m，灯具悬挂高度3m，工作面高度1m，选用 GC-A-1 配照型灯具，其最大允许距高比为1.25。要求：用正方形布置方案，确定灯的间距和与墙的距离。

2. 在某教室长7.2m，宽5.4m，高3.6m，布置荧光灯，选用荧光灯的型号为 YG1-1，室空间高度3.5m，灯具的垂度0.7m，工作面高度0.75m，灯具距高比为1.62（A—A）和1.22（B—B）要求：计算确定灯具的间距和与墙之间的距离。

三、简述题

1. 什么是最大允许距高比？布置灯具时如何考虑？
2. 什么是照度均匀度？布置灯具时如何考虑？

任务 2.4 照度计算、照明质量与节能评价

任务说明	进行办公楼房间和公共区域的照度计算，检验照度值是否符合规范要求；验算功率密度值是否符合规范要求；进行照明质量评价
学习目标	初步具备照度计算、照明质量与节能评价的能力
工作依据	教材、土建施工图纸、灯具布置草图、手册、标准
实施步骤	1. 认真阅读 GB 50034—2013《建筑照明设计标准》和《照明设计手册》，明确办公楼房间和公共区域照度标准值和允许偏差范围 2. 根据上一学习任务已得到的灯具布置方案进行办公楼房间和公共区域的照度值计算，检验照度是否达到规范要求，完善灯具布置方案 3. 对照规范要求，验算功率密度值是否符合规范要求 4. 进行照明质量五要素评价 5. 完善并修改办公楼照明工程灯具平面布置图 6. 形成照明工程光照设计说明
任务成果	1. 办公楼照明工程灯具平面布置图 2. 办公楼照明工程光照设计说明

　　计算照度是照明设计很重要的一个内容。根据房间特点、灯具的布置形式、电光源的数量及容量来计算房间工作面的均匀照度值；同时还可以根据房间特点、规定的照度标准值、灯具的布置形式来确定电光源的容量或数量。以上两种方法都是平均照度的计算方法。某工作点的照度也可以根据灯具的布置形式、光源数量及容量来计算，这就是点照度的计算。

　　照度计算的基本方法包括点照度计算和平均照度计算，其中点照度计算以被照面上的一点为对象，用于局部照明计算。平均照度计算以整个被照面为对象，用于一般照明计算；平均照度计算包括利用系数法、灯数概算法、单位容量法等。

2.4.1 平均照度计算

【照度计算公式及概念】

1. 利用系数法

1) 基本公式及概念

$$E_{av} = \frac{\Phi_S N U K}{A}$$

式中，E_{av} 为工作面的平均照度，为 lx；N 为灯具数；Φ_S 为每个灯具中光源额定总光通量，lm；U 为利用系数；K 为维护系数；A 为工作面面积，m^2。

利用系数 U：最后落到工作面上的光通量与光源发出的额定光通量之比，它表示照明光源光通量的被利用的程度。利用系数受房间形状、装饰材料性质、灯具的配光特性、效率、悬挂高度的影响。利用系数 U（YG1-1 型 40W 荧光灯）见表 2-10。

表 2-10 利用系数 U（YG1-1 型 40W 荧光灯）

有效顶棚反射系数 ρ_{cc}		0.70				0.50				0.30	0.10
墙反射系数 ρ_W		0.70	0.50	0.30	0.10	0.70	0.50	0.30	0.10		
室空间比 RCR	1	0.75	0.71	0.67	0.63	0.67	0.63	0.60	0.57		
	2	0.68	0.61	0.55	0.50	0.60	0.54	0.50	0.46		
	3	0.61	0.53	0.46	0.41	0.54	0.47	0.42	0.38		
	4	0.56	0.46	0.39	0.34	0.49	0.41	0.36	0.31		
	5	0.51	0.41	0.34	0.29	0.45	0.37	0.31	0.26		
	6	0.47	0.37	0.30	0.25	0.41	0.33	0.27	0.23		
	7	0.43	0.33	0.26	0.21	0.38	0.30	0.24	0.20		
	8	0.40	0.29	0.23	0.18	0.35	0.27	0.21	0.17		
	9	0.37	0.727	0.20	0.16	0.33	0.24	0.19	0.15		
	10	0.34	0.24	0.17	0.13	0.30	0.21	0.16	0.12		

维护系数 K（又称减光系数）：灯具在使用的过程中，因光源光通量衰减、灯具房间的污染等因素而引起照度下降，从而引入维护系数的概念。维护系数由光源光通量衰减系数 K_1、灯具积尘减光系数 K_2 和房间积尘减光系数 K_3 决定，即 $K = K_1 \cdot K_2 \cdot K_3$。

$$K = \frac{\text{某光源规定时间产生照度}}{\text{初始照度}}$$

光通量衰减系数见表 2-11～表 2-13。

表 2-11 光源光通量衰减系数 （K_1）

光源类型	白炽灯	荧光灯	卤钨灯	高压钠灯	高压汞灯
K_1	0.85	0.8	0.9	0.75	0.87

表 2-12 照明器表面灰尘造成的光通量衰减系数 （K_2）

房间清洁程度	照明器清洁次数（次/年）	K_2		
		直接式照明器	半间接式照明器	间接式照明器
比较清洁	2	0.95	0.87	0.85
一般清洁	2	0.86	0.76	0.60
不清洁	3	0.75	0.65	0.50

表 2-13 房间的灰尘造成的反射光通量衰减系数（K_3）

房间清洁程度	K_3		
	直接式照明器	半间接式照明器	间接式照明器
比较清洁	0.95	0.9	0.85
一般清洁	0.92	0.8	0.73
不清洁	0.9	0.75	0.55

【平均照度计算】

2）计算步骤

确定房间各特征量；确定顶棚空间有效反射比；确定墙面的平均反射比；确定利用系数；确定地面空间有效反射比；确定利用系数的修正值；确定室内平均照度。

图 2.23 房间空间划分及参数

(1) 确定房间的空间系数 RCR。房间空间划分及参数如图 2.23 所示。

① 室形指数：RI 用以表示照明房间的几何特征

$$室形指数 = \frac{等效地面面积 + 等效顶棚面积}{室空间部分墙面面积}$$

对长方形房间

$$RI = \frac{2LW}{2(L+W) \cdot h_{RC}} = \frac{LW}{(L+W) \cdot h_{RC}}$$

一般将室形指数划分为 0.6、0.8、1.0、1.25、1.5、2.0、2.5、3.0、4.0、5.0 十个等级。$RI\uparrow \rightarrow$ 房间矮宽 $\rightarrow$ 光通量利用系数 $\uparrow$。

② 室空间比：用以表示房间的空间特征。将室内划分为三个空间：顶棚空间、地面空间、室空间。

顶棚空间比 $$\mathrm{CCR}=\frac{5h_{\mathrm{CC}}(L+W)}{LW}$$

室空间比 $$\mathrm{RCR}=\frac{5h_{\mathrm{RC}}(L+W)}{LW}$$

地面空间比 $$\mathrm{FCR}=\frac{5h_{\mathrm{FC}}(L+W)}{LW}$$

RCR 共有十个等级，分别为 1、2、3、4、5、6、7、8、9、10。

（2）计算顶棚空间有效反射比 ρ_{cc}

顶棚空间有效反射比为

$$\rho_{\mathrm{cc}}=\frac{\rho A_0}{A_{\mathrm{s}}-\rho A_{\mathrm{s}}+\rho A_0}$$

式中，A_0 为顶棚空间开口面积（即实际顶棚面积或有效顶棚面积），m^2；A_{s} 为顶棚空间的内表面面积（实际顶棚面积与顶棚空间部分墙面面积之和），m^2；ρ 为顶棚空间内表面的平均反射比。若第 i 块表面的面积为 A_i，ρ_i 是该表面的实际比，则

$$\rho=\frac{\sum \rho_i A_i}{\sum A_i}$$

（3）计算墙面平均反射比 ρ_{w}。当室空间墙面有多种材料组成时，其平均反射比的计算公式是

$$\rho_{\mathrm{wa}}=\frac{\sum \rho_i A_i}{\sum A_i}$$

若只考虑玻璃窗的影响，则

$$\rho_{\mathrm{wa}}=\frac{\rho_{\mathrm{w}}(A_{\mathrm{w}}-A_{\mathrm{g}})+\rho_{\mathrm{g}}A_{\mathrm{g}}}{A_{\mathrm{w}}}$$

（4）根据灯具的利用系数表，确定利用系数 U。以上求出 RCR、ρ_{cc}、ρ_{wa} 的值，按灯具形式查利用系数表求出利用系数 U 的值。

若 RCR 不为表中的数值，则采用插入法

$$U=U_1+\frac{U_2-U_1}{\mathrm{RCR}_2-\mathrm{RCR}_1}(\mathrm{RCR}-\mathrm{RCR}_1)$$

（5）确定地面空间有效反射比。由地面和地面空间部分墙面构成的地面空间内表面的平均反射比为

$$\rho_{\mathrm{fa}}=\frac{\rho_{\mathrm{F}}A_{\mathrm{F}}+\rho_{\mathrm{WF}}A_{\mathrm{WF}}}{A_{\mathrm{F}}+A_{\mathrm{WF}}}$$

地面空间等效反射比为

$$\rho_{\mathrm{FC}}=\frac{\rho_{\mathrm{fa}}\cdot A_{\mathrm{F}}}{(A_{\mathrm{F}}+A_{\mathrm{wF}})-\rho_{\mathrm{fa}}(A_{\mathrm{F}}+A_{\mathrm{WF}})+\rho_{\mathrm{fa}}\cdot A_{\mathrm{F}}}$$

或

$$\rho_{\mathrm{FC}}=\frac{2.5\rho_{\mathrm{fa}}}{2.5(1-\rho_{\mathrm{fa}})\cdot \mathrm{FCR}}$$

（6）确定利用系数的修正值。当 RCR、ρ_{FC}、ρ_{wa} 不是表中分级的整数时，可以从修正系数表中查接近 ρ_{FC}、列表中接近 RCR 的两组数（RCR_1、γ_1）（RCR_2、γ_2），然后再用下列插入法求出对应于实际 RCR 的修正值 γ

$$\gamma = \gamma_1 + \frac{\gamma_2 - \gamma_1}{\mathrm{RCR}_2 - \mathrm{RCR}_1}(\mathrm{RCR} - \mathrm{RCR}_1)$$

(7) 确定室内平均照度。做完以上各步骤后再按下面公式来求室内平均照度

$$E_{av} = \frac{N\Phi_s K(\gamma \cdot U)}{A}$$

如果是已知平均照度，可以用以下公式来确定所需灯具的数量，进而进行灯具的布置

$$N = \frac{E_{av} \cdot A}{\Phi_s K(\gamma \cdot U)}$$

确定利用系数 U 时，应注意的问题：若反射比不是 10 的整数倍，可四舍五入；不同灯具的利用系数表不能混用；若 RCR 不是整数，可用直线内插法计算；若 ρ_{fc} 与利用系数表编制条件不同（$\neq 20\%$）则应修正。

【例 2.3】 某教室长度为 9m，宽度为 6m，房间高度为 3m，工作面距地高为 0.75m。当采用单管筒式 40W 的荧光灯作照明时，若要满足照度的值不低于 250lx，试确定照明器的只数（顶棚反射系数为 0.7，墙面的平均反射系数为 0.7，地面反射系数为 0.3）。

【解】 (1) 求 RCR。取 $h_{CC} = 0.5m$，则

$$h_{RC} = 3 - 0.75 - 0.5 = 1.75(m)$$

$$\mathrm{RCR} = \frac{5h_{RC}(L+W)}{LW} = \frac{5 \times 1.75 \times (9+6)}{9 \times 6} = 2.43$$

(2) 求 ρ_{cc}。

$$\rho_{ca} = \frac{\rho_c A_c + \rho_{wc} A_{wc}}{A_c + A_{wc}} = \frac{0.7 \times 9 \times 6 + 0.7 \times (15 \times 2 \times 0.5)}{(15 \times 2 \times 0.5) + 9 \times 6} = 0.7$$

$$\rho_{cc} = \frac{\rho_{ca} \cdot A_c}{(A_c + A_{wc}) - \rho_{ca}(A_c + A_{wc}) + \rho_{ca} \cdot A_c}$$

$$= \frac{0.7 \times 54}{(15 \times 2 \times 0.5 + 54)(1 - 0.7) + 0.7 \times 54} = 0.646 \quad 取 0.7$$

(3) 求 ρ_{wa}。由题目已知条件知 $\rho_{wa} = 0.7$。

(4) 求利用系数 U。经查表得 $(\mathrm{RCR}_1, U_1) = (2, 0.85)$，$(\mathrm{RCR}_2, U_2) = (3, 0.78)$。用插入法求 U

$$U = U_1 + \frac{U_2 - U_1}{\mathrm{RCR}_2 - \mathrm{RCR}_1}(\mathrm{RCR} - \mathrm{RCR}_1)$$

$$= 0.85 + \frac{0.78 - 0.85}{3 - 2}(2.43 - 2) = 0.82$$

(5) 求 ρ_{FC}。

$$\rho_{fa} = \frac{\rho_F A_F + \rho_{WF} A_{WF}}{A_F + A_{WF}} = \frac{0.3 \times 54 + 0.7 \times (15 \times 2 \times 0.75)}{15 \times 2 \times 0.75 + 54} = 0.42$$

$$\rho_{FC} = \frac{\rho_{fa} \cdot A_F}{(A_F + A_{WF}) - \rho_{fa}(A_F + A_{WF}) + \rho_{fa} \cdot A_F}$$

$$= \frac{0.42 \times 54}{(15 \times 2 \times 0.75 + 54)(1 - 0.42) + 0.42 \times 54} = 0.34 \quad 取 0.3$$

(6) 求 γ。经查表得 $(RCR_1,\gamma_1)=(2,1.068)$，$(RCR_2,\gamma_2)=(3,1.061)$。
用插入法求 γ

$$\gamma = \gamma_1 + \frac{\gamma_2-\gamma_1}{RCR_2-RCR_1}(RCR-RCR_1)$$

$$=1.068+\frac{1.061-1.068}{3-2}(2.43-2)=1.065$$

(7) 求 N。查维护系数表得 $K_1=0.8$，$K_2=K_3=0.95$，则 $K=K_1 \cdot K_2 \cdot K_3=0.722$

$$N=\frac{E_{av} \cdot LW}{\Phi \cdot (\gamma U)K}=\frac{250 \times 54}{2000 \times (1.065 \times 0.82) \times 0.722}=10.7(盏)$$

为了布灯方便，取 $N=12$ 盏。

2. 单位容量法

(1) 基本公式

$$\sum P = P_0 A$$

式中，$\sum P$ 为受照房间的光源总功率，W；P_0 为光源的比功率即单位面积安装功率，W/m²；A 为受照房间总面积，m²。

YG1-1 型荧光灯的比功率见表 2-14。

表 2-14 YG1-1 型荧光灯的比功率

计算高度/m	房间面积/m²	平均照度/lx					
		30	50	75	100	150	200
2~3	10~15	3.2	5.2	7.8	10.4	15.6	21
	15~25	2.7	4.5	6.7	8.9	13.4	18
	25~50	2.4	3.9	5.8	7.7	11.6	15.4
	50~150	2.1	3.4	5.1	6.8	10.2	13.6
	150~300	1.9	3.2	4.7	6.3	9.4	12.5
	300 以上	1.8	3.0	4.5	5.9	8.9	11.8
3~4	10~15	4.5	7.5	11.3	15	23	30
	15~20	3.8	6.2	9.3	12.4	19	25
	20~30	3.2	5.3	8.0	10.8	15.9	21.2
	30~50	2.7	4.5	6.8	9.0	13.6	18.1
	50~120	2.4	3.9	5.8	7.7	11.6	15.4
	120~300	2.1	3.4	5.1	6.8	10.2	13.5
	300 以上	1.9	3.2	4.9	6.3	9.5	12.6

(2) 单位容量计算表的编制条件。

① 室内顶棚反射比为 70%；墙面反射比为 50%；地面反射比为 20%；由于是近似计算，一般不必详细计算各面的等效反射比，而是用实际反射比进行计算。

② 维护系数 K 为 0.7。

③ 白炽灯的光效为 12.5lm/W（220V，100W），荧光灯的光效为 60lm/W（220V，40W）。

④ 灯具效率大于或等于 70%，当装有遮光格栅时大于或等于 55%。

⑤ 灯具配光分类符合国际照明委员会的规定。

⑥ 房间的长度小于宽度的 4 倍。

⑦ 照明器的布置按照距高比的要求进行均匀布置。

【例 2.4】 某办公室的建筑面积为 $4.1m \times 5.6m$，采用 YG1-1 筒式荧光灯照明。办公桌高 0.8m，灯具吊高 3m，试计算需要安装的灯具数量。

【解】 采用单位容量法计算。

根据题意，$h=3-0.8=2.2(m)$，$S=4.1 \times 5.6=22.96(m^2)$，假定平均照度为 150lx，查表得单位面积安装功率为 $\omega=13.4W/m^2$（带罩的）。

$$\sum P = \omega S = 13.4 \times 22.96 = 307.66(W)$$

如果每套灯具安装 30W 荧光灯一只，即 $P=30W$，则

$$N = \sum P/P = 307.66/30 \approx 10.3(套)$$

3. 灯数概算法

(1) 方法：把利用系数法计算的结果（面积与灯具数量关系）制成曲线。

(2) 使用条件：

① 灯具类型及光源的种类和容量。

② 计算高度。

③ 房间的面积。

④ 房间的顶棚、墙壁、地面的反射比。

(3) 换算。概算曲线是在假设受照面上的平均照度为 100lx、维护系数 K' 的条件下绘制的。因此，如果实际需要的平均照度为 E、实际采用的维护系数为 K，那么实际采用的灯具数量 n 可按下列公式进行换算

$$n = \frac{EK'N}{100K}$$

式中，n 为实际采用的灯具数量；N 为根据曲线查得的灯具数量；K 为实际采用的维护系数；K' 为概算曲线上假设的维护系数（常取 0.7）；E 为设计需要的平均照度，lx。

【例 2.5】 某车间长 48m，宽 18m，工作面高 0.8m，灯具距工作面 10m；有效顶棚反射比 $\rho_{cc}=0.5$，墙面平均反射比 $\rho_w=0.3$，有效地面反射比 $\rho_{fc}=0.2$；选用 CDG101-NG400 型灯具照明。若工作面照度要求达到 50lx，试用灯具概算曲线计算所需灯数。

【解】 工作面面积 $A=48 \times 18 = 864m^2$，计算高度 $h=10m$

由曲线得 $\rho_{cc}=0.5$，$\rho_w=0.3$，$\rho_{fc}=0.2$，$h=10m$ 时，$N=5.5$

当照度为 50lx 时所需灯数

$$n = \frac{50}{100} \times 5.5 = 2.75(个)$$

根据实际照明现场情况，取 $n=3$ 个。

2.4.2 照明质量与节能评价

1. 照度水平

（1）照度。实验表明，能够刚刚辨认人脸的特征，需要大约 $1cd/m^2$ 的亮度。在水平面照度 20lx 的普通照明环境下，可以达到这个亮度。

（2）照度均匀度。

① 衡量办法：最低均匀度 $=E_{\min}/E_{\max}$；平均均匀度 $=E_{\min}/E_{av}$。

我国 GB 50034—2013《建筑照明设计标准》规定：工作区内一般照明的平均均匀度不应小于 0.7，但同时不应大于最大值；工作房间内交通区的照度不应小于工作区平均照度的 1/3。

② 设计方法。灯具实际距高比＜所选灯具最大允许距高比；房间边行灯具距墙应为灯（行）间距的 1/3～1/2，如果墙的反射系数太低，这一数值还可降低；要求更高时，可采用间接型、半间接型灯具或照明光带等方式。

2. 亮度分布

（1）作业环境中各表面的亮度分布是照明设计的补充，是决定物体可见度的重要因素之一。

（2）相近环境的亮度应尽可能低于被观察物的亮度，CIE 推荐被观察物的亮度如为它相近环境的 3 倍时，视觉清晰度较好，即相近环境与被观察物本身的反射比最好控制在 0.3～0.5 的范围内。

（3）在工作房间，为了减弱灯具及顶棚之间的亮度对比，特别是采用嵌入式暗装灯具时，顶棚的反射比尽量要高（不低于 0.6）；为避免顶棚显得太暗，顶棚照度不应低于作业照度的 1/10。

3. 光色和显色性

光色分类见表 2-15，光源显色性分类见表 2-16。

表 2-15 光色分类

光源颜色分类	相关色温	颜色特征	适用场所示例
Ⅰ	＜3300K	暖	居室、餐厅、宴会厅、多功能厅、酒吧、陈列厅
Ⅱ	3300～5300K	中间	教室、办公室、会议室、阅览室、营业厅、休息厅、洗衣房
Ⅲ	＞5300K	冷	设计室、计算机房

表 2-16 光源显色性分类

显色分组	一般显色指数	光 源 示 例	场 所 示 例
Ⅰ	$R_a \geqslant 80$	白炽灯、卤钨灯、三基色荧光灯、高显色高压钠灯	美术展厅、化妆室、餐厅、宴会厅、多功能厅、酒吧、高级商店、营业室、手术室、办公室、教室、阅览室
Ⅱ	$60 \leqslant R_a < 80$	荧光灯、金属卤化物灯	休息室、厨房、报告厅、候车室、室外比赛场地
Ⅲ	$40 \leqslant R_a < 60$	荧光高压汞灯	行李房、库房、室外门廊
Ⅳ	$R_a < 40$	高压钠灯	库房、室外道路照明

4. 眩光

(1) 直接眩光：由光源和灯具直接引起。

(2) 间接眩光：由光源和灯具通过反射比高的表面镜面（定向扩散）反射引起。

5. 阴影

(1) 产生原因：定向的光照射在物体上。

(2) 解决办法：改变光源位置；增加光源数量；宜采用漫射光照明；对以直射光为主的照明应使用宽配光的照明器均匀布置。

6. 功率密度值指标（LPD）

【功率密度值指标】

为实现照明节能，在新修订的照明设计标准中，专门规定了各种建筑房间或场所的最大允许照明功率密度值（W/m²），作为建筑照明节能的评价指标。它是单位面积上的照明安装功率（包括光源、镇流器或变压器）。

例如，学校建筑功率密度值见表 2-17。

表 2-17 学校建筑功率密度值

房间或场所	照明功率密度/(W/m²)		对应照度值/lx
	现行值	目标值	
教室，阅览室	9	8	300
实验室	9	8	300
美术教室	15	13.5	500
多媒体教室	9	8	300

当房间或场所的照度高于或低于本标准规定的照度时，为了节电，其照明功率密度应根据标准中所规定的数值按比例增减。

在新标准中规定了剧院、办公、商业、旅馆、医院、学校和工业建筑的照明功率密度值。除居住建筑外，其他建筑的照明功率密度值均为强制性的。此外，设装饰性灯具场所，可将实际采用的装饰性灯具总功率的 5% 计入照明功率密度值计算。设有重点照明的商店营业厅，该楼层营业厅的照明功率密度值每平方米增加 5W。

练习题2.4

一、填空题

1. 照度计算目的是：
（1）评价房间照明_____（GB 50034—2013）。
（2）验证_____布置是否合理。

2. 利用系数法：根据房间特点、灯具的_____、电光源的_____及容量来计算房间工作面的均匀照度值；同时还可以根据房间特点、规定的_____标准值、灯具的_____形式来确定电光源的容量或数量。
（1）平均照度计算公式为_____。
（2）如果是根据照度标准值和其他条件计算光源数量，则公式为_____。

3. 建筑照明质量主要考虑_____要求、显色性要求、限制_____等因素。

4. 根据 GB 50034—2013《建筑照明设计标准》，在一般情况下，设计照度值与照度标准值相比较，可有 −_____～+_____的偏差。

5. 眩光分为直射眩光和_____眩光。

6. 《建筑照明设计标准》（GB 50034—2013）规定，住宅现行功率密度值 LPD ≤ _____。

二、计算题

1. 某实验室面积为 24m×10m，桌面高度为 0.8m，灯具吸顶安装吊高 3.8m。如果采用 YG6-2 型双管 2×40 W 吸顶荧光灯照明，灯具效率为 86%。查照明手册得知利用系数为 0.56，试确定房间的灯具数。

2. 某教室的建筑面积为 3m×6m，采用 YG1-1 筒式荧光灯照明。办公桌高 0.8m，灯具吊高 2.5m，试计算需要安装灯具的数量。

3. 一教室长 6.6m，宽 6.6m，高 3.6m，在离顶棚 0.5m 的高度处安装 8 只 YG1-1 型 40W 荧光灯，课桌高度为 0.8m，教室内地面反射比 0.1，墙面反射比 0.5，地面空间墙面反射比 0.3，顶棚面反射比 0.8，试计算课桌面上的平均照度（40W 荧光灯光通量取 2200lm）。

4. 若题 3 中室空间墙上开窗，面积为 30m²，窗户的反射比为 0.1，求平均照度。

5. 若题 3 中要求工作面上的平均照度不低于 150lx，试布置灯具并画出平面草图。

6. 若题 4 中要求工作面上的平均照度不低于 300lx，试布置灯具并画出平面草图。

项目 3 照明工程电气设计

照明工程电气设计是电气照明系统设计的另一重要组成部分，一般是在光照设计的基础上进行的，其主要任务是为保证电光源和灯具能正常、安全、可靠而经济地工作。主要内容包括照明配电系统设计照明电气设计的任务及设计步骤、照明负荷分级及供电要求、供电电压及供电网络的选择与设计、照明线路的计算、照明线路保护及设备的选择、导线及电缆的选择与敷设。

任务 3.1 照明配电系统设计

任务说明	根据《工业与民用配电手册》、GB 50034—2013《建筑照明设计标准》关于某办公楼照明工程配电系统设计的要求，进行该照明工程配电系统设计，画出配电系统图
学习目标	初步具备照明工程配电系统设计的能力
工作依据	教材、土建施工图纸、手册、规范
实施步骤	1. 认真学习《工业与民用配电手册》、GB 50034—2013《建筑照明设计标准》关于照明工程配电系统接线设计的要求 2. 了解工程建筑资料、负荷等级、建设标准 3. 根据负荷性质确定电源形式 4. 确定配电形式 5. 进行负荷分配 6. 画出办公楼宿舍配电系统图
任务成果	办公楼配电系统图

项目 3　照明工程电气设计

3.1.1　照明工程电气设计任务及步骤

1. 电气设计任务

（1）正确选择供电电压、配电方式，确保照明设备对电能质量的要求，以保证照明质量和照明设备的使用寿命。

（2）进行负荷计算，以正确地选择导线型号、截面及控制与保护电器的规格型号。

（3）选择合理、方便的控制方式，以便照明系统的管理、维护和节能。

（4）选择合理的保护方法，确保照明装置和人身的电气安全。

（5）减少电气部分的投资和年运行费。

2. 电气设计步骤

（1）收集资料，了解情况（建筑资料、负荷等级、建设标准）。收集原始资料，主要了解电源情况，照明负荷对供电连续性的要求。

（2）确定电源形式（电源个数、偏差调整、备用电源）。负荷分级及供电要求，根据照明负荷性质确定供电电源形式。

（3）确定配电形式（树干式、放射式、链式、混合式）。确定照明配电系统，包括配电分区的划分，设多少个配电箱，各配电箱供给的区域、楼层，确定配电箱的安装位置及方式，确定电源点至各配电箱之间的接线方式；确定灯具的开关控制方式，以便确定开关的数量和安装位置；确定电能的计量方式。

（4）进行负荷分配（三相均衡，最大相115％，最小相85％）。

（5）负荷计算（需要系数法）。进行负荷计算、电压损失计算、无功功率补偿计算和保护装置整定计算。

（6）电器设备选择（导线选择、敷设方式、电压损失、开关选择）。确定照明线路各级保护设备，确定照明配电系统的接地型式及电气安全措施；选择导线型号、截面及敷设方式。

3.1.2　照明配电系统供电质量

照明系统的供电质量主要取决于供电的可靠性和供电电压的质量。

1. 供电可靠性

供电可靠性即供电的不间断性，供电可靠性指标是根据用电负荷的等级要求制定的。用电负荷分三个级别，分别采用相应的供电方式以便达到不同要求的供电可靠性。

1）负荷分级

根据对供电可靠性的要求及中断供电在政治、经济上所造成的损失或影响的程度，电力负荷分为三级。

（1）符合下列条件之一者均属于一级照明负荷：

中断正常照明用电将造成人身伤亡者，如医院的急诊室、手术室等处的照明；

中断正常照明用电将造成重大的政治影响者，如国家、省、自治区、直辖市等各政府主要办公室、会议室、接待室的照明等；

中断正常照明用电将造成重大的经济损失者，如大型企业的指挥、控制中心的照明等；中断正常照明用电将造成公共场所秩序严重混乱者，如大型体育场馆等大量人员集中的公共场所的照明，以及机场、大型火车站、海港客运站等交通设施的候机（车、船）室、售票处、检票口的照明等。

在一级负荷中，当中断供电将发生爆炸、火灾以及严重中毒事故等场所的照明负荷，特别重要的交通枢纽、重要的通信枢纽、国宾馆和国家级及承担重大国事活动的会堂、国家级大型体育中心、经常用于重要国际活动的大量人员集中的公共场所的照明负荷，以及中断供电将影响实时处理计算机及计算机网络正常工作的照明负荷，应视为特别重要负荷。

（2）二级负荷。下列场所的照明负荷均属于二级照明负荷：

中断正常照明供电将造成较大的政治影响者；中断正常照明供电将造成较大的经济损失者；

中断正常照明供电将造成公共场所秩序混乱者。如大、中型火车站，高层住宅的楼梯照明，疏散标志照明，省市图书馆和阅览室的照明，大型影剧院、大型商场等重要公共场所的照明等。

（3）三级负荷：不属于一、二级负荷者均属于三级负荷。

2）负荷对电源的要求

（1）一级负荷对电源的要求。一级负荷应由两个电源供电，且当其中一个电源发生故障时，另一个电源不应同时受到损坏。根据我国目前的实际供电水平以及经济和技术条件，符合下列条件之一的，即可认为满足上述两个电源的供电要求：电源来自两个不同的发电厂；电源来自两个不同的区域变电所，且区域变电所的进线电压不低于35kV。

一级负荷中特别重要的负荷，除由满足上述条件的两个电源供电外，尚应增设应急电源专门对此类负荷供电。应急电源不能与电网电源并列运行，并严禁将其他负荷接入该应急供电系统。

（2）二级负荷对电源的要求。二级负荷应由两个电源供电，即应由两回线路供电，供电变压器亦应有两台（两台变压器不一定在同一变电所）。做到当发生电力变压器故障或电力线路常见故障（不包括铁塔倾倒或龙卷风引起的极少见的故障）时，不致中断供电或中断后能迅速恢复。

在负荷较小或地区供电条件困难时，可由一回6kV及以上专用架空线供电；当采用电缆线路时，应采用两根电缆组成的电缆段供电，其每根电缆应能承受100%的二级负荷；为了解决线路和变配电设备的检修以及突然停电后，设备能安全停产问题，设备可用小容量柴油发电站，其容量由实际需要确定。

（3）三级负荷对电源的要求。三级负荷对电源无特殊要求，一般由单电源供电即可。

2. 电压偏移

光源电压一般情况下为交流220V，少数情况（1500W及以上的高强度气体放电光源）下为交流380V，移动式灯具电压不超过50V，潮湿场所不超过25V，水下场所可采用交流12V光源。当需要直流应急照明电源时，电压可根据容量大小、使用要求确定。

电压偏移对照明质量及照明设备影响很大，灯泡（管）端电压偏高，会缩短光源的寿命；电压偏低，会使光源的光通量输出降低，造成照度不足；当电压过低时，还会导致气体放电光源不能正常点燃。

正常情况下，照明器端电压偏差允许值宜符合以下要求：在一般工作场所为±5%；在视觉要求较高的屋内场所为+5%，-2.5%；对于远离变电所的小面积一般工作场所，难以满足上述要求时，可为+5%，-10%；应急照明、道路照明和警卫照明为+5%，-10%。

3. 电压波动与闪变

电压波动指电压的快速变化。闪变指电压波动的影响，是人眼对灯闪的生理感觉。

在照明供配电系统中，电压波动主要是由于负荷急剧的波动而造成系统电压的瞬时升降，如电动机满载起动、电焊机的工作等。电压波动会引起光源光通量的变化，从而使灯具发光闪烁，刺激眼睛，影响工作和学习，从而导致照明质量下降，同时会降低光源寿命。

4. 改善电压质量的措施

（1）照明负荷宜与冲击性负荷（如大功率接触焊机、大型吊车的电动机等）采用独立的回路供电，即分别由专线单独供电或较大功率负荷由专用变压器供电，以限制冲击性负荷对照明负荷的影响。

（2）照明负荷与冲击性负荷共用配电线路时，应合理减少系统阻抗，如尽量缩短线路长度，适当加大导线和电缆的截面等，以尽可能减少线路上的电压损失。

（3）无窗厂房或工艺设备对电压质量要求较高的场所，宜采用有载自动调压变压器。

（4）合理采用无功功率补偿措施，通过减少无功功率，可有效地降低系统的电压降落，以补偿负荷变化所引起的电压偏移和电压波动。

（5）分配单相负荷时，应尽量做到三相平衡，以尽可能地减少因三相负荷分布不均所造成的相间的电压偏差。

5. 计量方式

集中计量：将一个单元的各户电表置于同一个集中计量箱内；再将各单元的各个计量箱连成放射式、树干式、分区树干式、链式等。

分散计量：一般用于多层建筑，即每楼或每个单元一个总配电箱，再按放射式或树干式等将电表接入各户。

3.1.3 照明供电方式

【照明供电方式】

1. 基本原则

（1）照明负荷应根据其中断供电可能造成的影响及损失，合理地确定负荷等级，并应根据照明的类别，结合电力供电方式统一考虑，正确选择照明配电系统的方案。

（2）正常照明负荷宜与电力负荷合用变压器，但不宜与较大冲击性电力负荷合用。如必须合用时，应由专用馈电线供电，并校核电压波动值。对于照明容量较大而又集中的场所，如果电压波动或偏差过大，严重影响照明质量或灯泡寿命，可装设照明专用变压器或调压装置。

（3）备用照明（供继续和暂时继续工作的照明）应由两路电源或两回线路供电，其具体方案如下。

① 当有两路高压电源供电时，备用照明的供电干线应接自两段高压母线上的不同变压器。当采用两路低压供电时，备用照明的供电应从两段低压配电干线分别接引。

② 当设有自备发电机组时，备用照明的一路电源应接自发电机作为专用供电回路，另一路可接自正常照明电源。在重要场所，尚应设置带有蓄电池的应急照明灯或用蓄电池组供电的备用照明，供发电机组投运前的过渡期间使用。

③ 当供电条件不具备两路电源或两回线路时，备用电源宜采用蓄电池组，或设置带有蓄电池的应急照明灯。

(4) 当备用照明作为正常照明的一部分并经常使用时，其配电线路及控制开关应分开装设。当备用照明仅在事故情况下使用时，则当正常照明因故停电时，备用照明应自动投入工作。在有专人值班时，可采用手动切换。

(5) 疏散照明最好由另一台变压器供电。当只有一台变压器时，可在母线处或建筑物进线处与正常照明分开，还可采用带充电电池（荧光灯还需带有直流逆变器）的应急照明灯。

(6) 在照明分支回路中，应避免采用三相低压断路器对三个单相分支回路进行控制和保护。

(7) 照明系统中的每一单相回路的电流不宜超过 16A，灯具数量不宜超过 25 个。连接建筑物组合灯具每一单相回路电流不宜超过 25A，光源数量不宜超过 60 个。连接高强度气体放电灯的单相分支回路电流不应超过 30A。

(8) 插座不宜和照明灯接在同一分支回路，宜由单独的回路供电。当插座为单独回路时，数量不宜超过 10 个（组）。备用照明、疏散照明的回路上不应设置插座。

(9) 为减轻气体放电光源的频闪效应，可将其同一灯具或不同灯具的相邻灯管分接在不同相序的线路上。

(10) 机床和固定工作台的局部照明一般由电力线路供电。

(11) 移动式照明可由电力或照明线路供电。

(12) 道路照明可以集中由一个变电所供电，也可以分别由几个变电所供电，尽可能在一处集中控制。控制方式采用手动或自动，控制点应设在有人值班的地方。

(13) 露天工作场地、露天堆场的照明可由道路照明线路供电，也可由附近有关建筑物供电。

(14) 三相配电干线的各相负荷宜分配平衡，最大相负荷不宜超过三相负荷平均值的 115%，最小相负荷不宜小于三相负荷平均值的 85%。

2. 电压选择

(1) 照明网络一般采用 220/380V 三相四线制中性点直接接地系统，灯用电压一般为 220V。当需要采用直流应急照明电源时，其电压可根据容量大小、使用要求来确定。

(2) 安全电压限值有两挡：正常环境 50V；潮湿环境 25V，安全电压及设备额定电压不应超过此限值。目前，我国常用于正常环境的手提行灯电压为 36V。在不便于工作的狭窄地点，且工作者接触有良好接地的大块金属面（如在锅炉、金属容器内）时，用电压 12V 的手提行灯。

(3) 在特别潮湿、高温、有导电灰尘或导电地面（如金属或其他特别潮湿的土、砖、混凝土地面等）的场所，当灯具安装高度距地面为 2.4m 及以下时，容易触及的固定式或移动式照明器的电压可选用 24V，或采取其他防电击措施。

3. 常用照明配电系统

（1）照明和电力在母线上分开供电，疏散照明与正常照明分开供电。一台变压器供电如图 3.1 所示。

图 3.1　一台变压器供电

（2）对外无低压联络线，正常照明接自总断路器前。一台变压器及一路备用电源线如图 3.2 所示。

图 3.2　一台变压器及一路备用电源线

（3）照明与电力负荷在母线上分开供电，暂时继续工作用的备用照明可由蓄电池组供电。一台变压器及蓄电池组供电如图 3.3 所示。

图 3.3　一台变压器及蓄电池组供电

（4）照明与电力负荷在母线上分开供电，正常照明和应急照明由不同变压器供电。两台变压器供电如图 3.4 所示。

图 3.4　两台变压器供电

（5）两段干线间设联络断路器、照明电压接自变压器低压总开关的后侧，当一台变压器停电，通过联络开关接到另一段干线上，应急照明由两段干线交叉供电。两台变压器——干线供电如图 3.5 所示。

图 3.5　两台变压器——干线供电

（6）适用于不设变电站的重要或较大建筑物，几个建筑物的正常照明可共用一路电源线，每个建筑物进线处应装设带保护的总断路器。外部线路供电如图 3.6 所示。

图 3.6　外部线路供电

（7）适用于次要的或较小的建筑物，照明接于电力配电箱总断路器前，如图 3.7 所示。

图 3.7　适用于次要或较小建筑物的外部线路供电

（8）低压系统供电。在多层建筑内，一般采用干线式供电，总配电箱装在底层。多层建筑低压系统供电如图 3.8 所示。

图 3.8　多层建筑低压系统供电

（9）应急照明供电。当建筑为一类建筑时，两路电源一路为主电源，一路为应急电源；当为二类高层建筑时，宜由双回路供电，应急照明配电箱应按防火分区设置。应急照明供电如图 3.9 所示。

图 3.9　应急照明供电

3.1.4 照明供电网络

1. 照明供电网络组成

照明供电网络主要由馈电线、干线和分支线组成，照明网络的基本形式如图 3.10 所示。

图 3.10　照明网络的基本形式

（1）馈电线是将电能从变电所低压配电屏送至照明配电盘的线路，对于无变电所的建筑物，其馈电线多指进户线，是由进户点到室内总配电箱的一段导线。

（2）干线是将电能从总配电箱送至各个照明分配电箱的线路，该配电网络的组成段线路通常被称为供电线路。

（3）分支线是将电能从分配电箱送至每一个照明负荷的线路，该段线路通常被称为配电线路。

2. 照明供电网络的接线形式

照明供电网络主要有三种接线形式，即放射式、树干式和混合式，如图 3.11 所示。

图 3.11　照明供电网络主要接线形式
(a) 放射式；(b) 树干式；(c) 混合式

（1）放射式。放射式接线如图 3.11（a）所示。放射式接线方式中，各负荷独立受电，发生故障时互不影响，供电可靠性较高。但由于放射式接线占用的低压干线较多，有色金属消耗也较多，致使投资费用相应增加。因此放射式一般用于容量大、负荷集中或重要的用电设备。

（2）树干式。树干式插线如图 3.11（b）所示。树干式供电线路与放射式比较，具有结构简单、投资费用和有色金属较省的优点，但在供电可靠性方面不如放射式。因此树干式供电线路多用于一般负荷。

（3）混合式。放射式与树干式的混合供电线路称为混合式，如图 3.11（c）所示。这种接线方式可以根据照明配电箱的布置、容量、线路走向等综合考虑。在照明供电网络中，这种接线方式是应用最为普遍的一种。

3. 照明网络接地形式

照明网络一般选用220/380V三相四线制中性点直接接地系统，建筑物内照明配电型式一般采用TN-S、TN-C-S系统，户外照明宜采用TT接地系统。

下面解释几个名词。

(1) 系统中性点：三相电力系统中三相绕组或三根相线的公共连接点。当中性点接地时，中性点称为"零点"。

(2) 中性线（N线）：与电源中性点连接的导线，其功能：一是用于连接需要相电压的单相设备，二是用来传导三相不平衡电流和单相电流，三是减少负荷中性点的电位偏移。

(3) 保护线（PE线）：将电气设备的外露可导电部分连接到电源的接地中性点上，当系统中设备发生单相接地故障时，便形成单相短路，使保护电器动作，切除故障设备，从而防止触电事故的发生，保证人身安全。

(4) 保护中性线（PEN线）：兼有PE线和N线功能的导线。

(5) 外露可导电部分：正常时不带电，但故障情况下可能带电的电气装置的容易触及的金属外壳，有时简称设备外壳。

(6) 装置外可导电部分：给定场所中不属于电气装置组成部分的导体，如场所中的金属管道等。

(7) 等电位连接：使各外露可导电部分之间或装置外可导电部分之间电位基本相等的电气连接。

4. 室内照明灯具控制方式的选择

室内照明灯具的控制方式主要有集中控制与局部控制两种形式，选择时应主要考虑安全、经济、便于运行维护和节能，基本原则如下。

(1) 照明供电干线应设置带有保护装置的总开关（一般为低压断路器）。

(2) 在多层建筑内，考虑到管理、维护的方便，在每层都应设置照明配电箱。为了节约投资，当建筑物不超过三层且其长度较短时，也可由同一配电箱向各楼层供电，这时，配电箱宜靠近楼梯间安装。

(3) 单层生产厂房的一般照明，宜按生产工段、流水线分区，分组集中在配电箱控制。不重要的生产厂房、辅助设施、生活室和门灯，宜分散控制。

(4) 对大面积照明场所，对沿自然采光窗平行设置的灯具应单独控制，以充分利用自然光。

(5) 对于办公楼、科研楼、实验楼，可采用简单的开关控制，照明开关应装在操作方便、人流较多的入口处。楼梯灯、走廊灯宜采用双控开关、声控开关或定时开关控制。对有两个以上入口的长房间，应考虑其在任何一个入口处都可以开闭照明装置，可采用双控开关。

(6) 对于出租性质的办公建筑，应考虑照明控制方式变更的灵活性，可采用低压继电器控制。

(7) 大型照明设施较适宜采用照明集中控制的BA系统或可编程序控制器对其实现智

能控制；特大门厅等大空间的照明设施，可根据天然光的变化采用调光控制；对于商业大厅、多功能厅、候机大厅等重要公共大厅，可采用遥控的方式对照明设施进行控制。

5. 照明配电设备

照明配电设备主要有照明配电箱、插座、开关等。

1）照明配电箱

【配电箱】

照明配电箱适用于工业与民用建筑在交流50Hz，额定电压不超过500V照明控制回路中，作为线路的过载、短路保护以及线路的正常转换之用。照明配电箱一般采用封闭式箱结构，悬挂式或嵌入式安装，箱中一般装有新型电器元件（如小型空气断路器、漏电开关等）、N线和PE线、汇流排，有的产品还装有电能表和负荷开关，多采用下侧或上下侧进出线方式。常用型号如下所示：

照明设计中，应首先根据负荷性质和用途，确定选用照明箱、计量箱、插座箱，然后根据控制对象负荷电流的大小、电压等级以及保护要求，确定配电箱内支路开关电器的容量、电压等级，按负荷管理所划分的区域确定回路数，并应留有1到2个备用回路。

选择配电箱时，还应根据使用环境和场合的要求，确定配电箱的结构形式（明装、暗装）、外观颜色以及外壳防护等级（防火、防潮、防爆等）。实际工程中，照明配电箱一般设置在电源的进口处，同时应考虑便于操作、不妨碍交通，应尽量避免安装在有水或有易燃易爆物品的场所；照明配电箱应尽可能设置在负荷的中心，以节约用线和减少线路的电压损失。安装时，悬挂式和嵌入式照明配电箱的下边一般距地1.4m，落地式配电箱的下边距地（楼）面高度一般为0.3m。

2）进线断路器

方法：根据负荷需要确定。若电表容量为5（20）A、5（30）A和10（40）A，其相应进线断路器整定值分别为20A、32A和40A；一般，当断路器电流整定为16A时，如果负荷超过3kW，就会出现跳闸断电，所以不能将大容量用电负荷集中装于一条支路上。

3）出线断路器

在进行配电箱回路分配时，在照明、插座和空调三个支路的基础上，当住户家用电器较多时，增加厨房、电热水器等支路也是必要的。照明支路的断路器一般采用16A的单极微断开关。为了保证人身安全，除空调的插座支路应装有漏电保护装置，用于住宅的漏电开关动作电流30mA，时间不大于0.1s。

【插座】

4）插座

主要用来插接移动电器设备和家用电器。插座的种类较多，分类的方法也很多。按相数分为单相和三相插座；按安装方式分为明装、暗装插座；按防护方式分为普通式和防水防尘式、防爆式插座。额定电压为

220～250V；额定电流有 10A、13A、15A、16A 几种规格。

干燥的正常环境，可采用普通型插座，潮湿环境可采用防潮型插座，有腐蚀性气体或易燃易爆环境，可采用防爆型插座。一般场所插座的安装高度为距地 0.3m，幼儿园等场所一般距地 1.8m。

5) 开关

开关的种类也很多，按使用方式分拉线开关和翘板开关；按安装方式分明装开关和暗装开关；按控制数量分单联、双联、三联开关；按控制方式分单控、双控开关；按外壳防护形式分普通式、防水防尘式、防爆式开关等。

【开关】

开关的额定电压为 220V；额定电流为 3～10A。工程中，同一建筑物内的开关应采用同一系列的产品，并应操作灵活、接触可靠，还要考虑使用环境以选择适合的外壳防护形式。

开关的安装位置一般与所控的灯相对应，且安装高度应符合规范要求：拉线开关一般距天花板 0.2～0.5m，翘板开关一般距地 1.3m，安装于门旁的开关距门框的距离 0.15～0.2m。

开关和插座的型号说明如下：

练习题3.1

一、填空题

1. 照明工程电气设计是在_____设计的基础上进行的，主要包括_____的计算、供电线路上电压损失的计算、照明_____的选择、照明线路的保护和_____的选择等内容。

2. 中断供电将造成人身伤亡的为_____级负荷，中断供电将影响重要用电单位的正常工作的为_____级负荷。不属于一级和二级负荷者应为_____级负荷。

3. 完成以下关于供电要求练习题。

(1) 由低电压配电屏供电的计算电流：三相的不宜大于_____A，单相的不宜超过_____A。

(2) 室内每一单相分支回路的电流，对于一般电光源的照明不宜超过_____A，对于高强气体放电灯或它的混合照明不宜超过_____A。

(3) 室内每一分支回路的长度，对于三相220/380V线路，一般不宜超过_____m；对于单相220V线路，一般不宜超过_____m。

(4) 每一回路连接的照明配电箱一般不超过_____个,高层住宅的配电一般以_____层为一个供电区段。

(5) 灯具为单独回路时数量不宜超过_____个,大型建筑组合灯具每一单相回路光源数量不宜超过 60 个,建筑物轮廓灯每一单相回路不宜超过_____个。

(6) 三相照明回路各相负荷的分配宜保持平衡,在每个分配电箱中的最大与最小相负荷电流差不宜超过_____。

(7) 特别重要照明负荷,宜在负荷末级配电箱用自动切换电源的方式,也可采用由两个专用回路各带约_____的照明灯具的配电方式。

二、简述题

照明网络的主要接线形式有哪些?画图说明。

任务 3.2 照明负荷计算

任务说明	完成办公楼照明工程负荷计算
学习目标	初步具备负荷计算的能力
工作依据	教材、图纸、手册、规范
实施步骤	1. 依据上个学习单元所设计配电系统图,确定负荷计算步骤 2. 确定照明分支线路的计算负荷:$P_c = P_e (K_d = 1)$ 3. 确定照明干线上的计算负荷:$P_c = K_d \cdot \sum P_e$ 若要求 I_C,则:单相 $I_C = P_C / U_P \cos\varphi$;三相 $I_C = P_C / \sqrt{3} U_l \cos\varphi$ 4. 确定进户线、低压总干线的计算负荷 P_C $P_C = K_d \sum_{i=1}^{n} P_{C(Li)}$ 5. 列出办公楼照明工程负荷计算表
任务成果	办公楼照明负荷计算表

负荷计算的目的是掌握用电情况,合理选择配电系统的设备和元件,如导线、电缆、开关电器、变压器等。负荷计算过小,则依此选用的设备和载流部分有过热危险,轻者使线路和配电设备寿命降低,重者影响供电系统的安全运行。负荷计算偏大,则造成设备的浪费和投资的增大。为此,正确进行负荷计算是供电设计的前提,也是实现供电系统安全、经济运行的必要手段。

照明负荷的计算就是计算照明电路所消耗功率的大小,也可以说是求照明线路电流的大小,但并不是求功率和电流的实际值,而是求"计算功率"和"计算电流",二者均被称作"计算负荷"。

求照明负荷的目的是合理地选择供电导线、变压器和开关设备等元件,使电气设备和材料得到充分的利用,同时也是确定电能消耗量的依据。

照明负荷计算的方法通常采用需要系数法和负荷密度法。

3.2.1 需要系数法计算

【需要系数法】

1. 计算负荷

计算负荷指消耗电能最多的半个小时的平均功率。用 P_c、Q_c、S_c、I_c 表示,工程上一般用 P_{js}、Q_{js}、S_{js} 和 I_{js} 表示。计算负荷是按发热条件选择导体及开关电器的依据,并可用来计算电压损失。

采用需要系数法进行照明负荷计算时,应首先统计出各分支线路中照明设备的总安装容量,然后求出各照明分支线的计算负荷,最后求照明干线、低压总干线、进户线的计算负荷。

1)照明分支线路的设备总容量 P_e

对于热辐射光源的白炽灯、卤钨灯和电子镇流器的气体放电光源,照明分支线路的设备容量等于各灯管额定功率 P_N 之和,即

$$P_e = \sum_{i=1}^{n} P_{Ni}$$

对于气体放电灯,设备容量等于灯管(泡)与镇流器、触发器等附件的额定功率 P_N 的功率损耗之和,即

$$P_e = \sum_{i=1}^{n} (1+\alpha) P_{Ni}$$

式中,α 为镇流器等电气附件的功率损耗系数,见表 3-1,电光源设备功率应取总输入功率或灯功率加镇流器功率损耗。

表 3-1 电光源总输入功率和镇流器功率损耗

光 源 种 类	额定功率/W	功率因数 $\cos\varphi$	镇流器等功率损耗系数 α
荧光灯	40	0.53	0.2
	30	0.42	0.26
荧光高压汞灯 (外镇式)	1000	0.65	0.05
	400	0.60	0.05
	250	0.56	0.11
	125 及以下	0.45	0.25
金属卤化物灯	1000	0.45	0.14
高压钠灯	250~400	0.4	0.18
低压钠灯	18~180	0.6	0.2~0.8

对于民用建筑内的插座,当未明确接入设备时,每组(一个标准 75 或 86 系列面板上有 2 孔和 3 孔插座各一个)插座按 100W 计算。

2) 分支线路的计算负荷 P_c

照明分支线路的计算负荷就等于接于线路上照明设备的总容量 P_e，即
$$P_c = P_e$$

3) 干线的计算负荷 P_c

照明负荷一般都属于单相用电设备，设计时，首先应当考虑尽量将它们均匀地分接到三相线路上，当计算范围内的单相设备容量之和小于总设备15%时，按三相平衡负荷容量确定干线的计算负荷，计算公式为
$$P_c = K_n P_e$$

在实际照明工程中要做到三相负荷平衡往往是比较困难的，当照明负荷为不均匀分布时，照明干线的计算负荷应按三相中负荷最大一相进行计算，即求出照明干线的等效三相负荷 P_c，即
$$P_c = 3 K_n P_{em}$$

需要系数表示的是不同性质的建筑对照明负荷需要的程度，即主要反映各照明设备同时开启的情况，一般按表3-2选取。

表3-2 民用建筑照明负荷需要系数

建筑分类	K_n	备 注
住宅楼	0.4～0.6	单元式住宅，每户两室，6～8个插座
单身宿舍	0.6～0.7	标准单间，1～2灯，2～3个插座
办公楼	0.7～0.8	标准单间，2～4灯，2～3个插座
科研楼、实验楼	0.8～0.9	标准单间，2～4灯，2～3个插座
教学楼	0.8～0.9	标准教室，6～10个灯，1～2个插座
商店	0.85～0.95	有举办各种商品展销会可能性
餐厅	0.8～0.9	—
社会旅馆	0.7～0.8 0.8～0.9	标准客房，1～2灯，2～3个插座 附设有对外营业的餐厅时
旅游旅馆	0.35～0.45	标准客户，8～10灯，5～6个插座
医院门诊部	0.6～0.7	—
医院病房楼	0.5～0.6	—
电影院	0.7～0.8	—
剧院	0.6～0.7	—
体育馆	0.65～0.75	—
厂房及小型仓库	0.9～1.0	—
变电所、大型仓库	0.6～0.7	—
应急照明、室外照明	1.0	—
照明分支线	1.0	—

2. 计算电流

照明设备多以热辐射和各种气体放电光源为主，致使各类照明设备的性质不同。白炽灯、卤钨灯等热辐射光源属于纯电阻性负荷，其电流与电压同相位，即功率因数 $\cos\varphi=1$。而各种气体放电光源的照明设备，由于必须配接镇流器或触发器等电气附件，致使其电流总是滞后电压一个相位角。因此其功率因数 $\cos\varphi<1$。在求照明系统的计算电流时，必须考虑这个因素，不能将各类照明设备的电流（或功率）直接相加作为总电流（或总功率）。有如下两种情况。

1）一种光源的照明线路

单相照明线路的计算电流为

$$I_c = \frac{P_c}{U_p \cos\varphi}$$

三相照明线路的计算电流为

$$I_c = \frac{P_c}{\sqrt{3} U_l \cos\varphi}$$

2）多种光源混合的照明线路

多种光源混合的照明线路，其计算电流只能进行矢量相加。为了便于计算，通常先求出每一种光源的计算电流，然后把每一种光源的计算电流分解为有功分量和无功分量

$$I_{cp} = I_c \cdot \cos\varphi$$
$$I_{cq} = I_c \cdot \sin\varphi$$

再将系统中所有光源的有功电流和无功电流分别相加，得出总的有功电流和无功电流，最后根据下列公式计算该系统总的计算电流为

$$I_c = \sqrt{(\sum I_{cp})^2 + (\sum I_{cq})^2}$$

上面三个式子适用于单相照明电路的计算，而对于三相照明线路，可应用上述公式分别求出每一相的计算电流，选取最大一相的计算电流作为三相电路计算电流，并以此作为系统选择导线、开关等电气设备的依据。

3. 计算思路及步骤

需要系数法的计算思路 $P_N \rightarrow P_e \rightarrow P_c \rightarrow I_c$。

1）确定 P_e

热辐射光源和电子镇流器的气体放电光源 $P_e = P_N$，带有耗电附件的气体放电光源 $P_e = (1+\alpha)P_N$，插座每组按 $P_e = 100W$ 计算。

照明设计规范规定：在计算范围内的单相负荷容量的和小于或等于总容量的 15% 时，按三相平衡负荷确定，即 $P_e = P_{ea} + P_{eb} + P_{ec}$；若单相设备容量的和大于总容量的 15% 时，取三相中最大的 3 倍，即 $P_e = 3P_{max}$。

2）确定 P_c

公式 $P_c = K_d \cdot P_e$

照明分支线路的计算负荷　　　$P_c = P_e$（$K_d = 1$）

照明干线上的计算负荷　　　　$P_c = K_d \cdot \sum P_e$

3）计算 I_c

单相　　　　　　　　　　　$I_c = P_c/U\cos\varphi$

三相　　　　　　　　　　　$I_c = P_c/\sqrt{3}U\cos\varphi$

4）进户线计算负荷 P_c

$$P_c = K_d \sum_{i=1}^{n} P_{ci}$$

【例 3.1】 某生产建筑物中的三相供电线路上接 250W 荧光高压汞灯和白炽灯两种光源，各相负荷分配见表 3-3，求线路计算电流。

表 3-3 建筑物负荷分配表

相　序	250W 高压汞灯	白炽灯
L1（A 相）	4 盏共 1kW	2kW
L2（B 相）	8 盏共 2kW	1kW
L3（C 相）	2 盏共 0.5kW	3kW

【负荷计算举例】

【解】

(1) 求每相高压汞灯的有功计算功率。

A 相：1000×(1+0.2)=1200(W)

B 相：2000×(1+0.2)=2400(W)

C 相：500×(1+0.2)=600(W)

(2) 求每相白炽灯的有功计算功率。

A 相：2000W

B 相：1000W

C 相：3000W

(3) 求每相高压汞灯的有功计算电流。

A 相：1200/220=5.45(A)

B 相：2400/220=10.91(A)

C 相：600/220=2.73(A)

(4) 求每相高压汞灯的无功计算电流。

A 相：5.45×1.48=8.07(A)

B 相：10.91×1.48=16.15(A)

C 相：2.73×1.48=4.04(A)

(5) 求每相白炽灯的计算电流。

A 相：2000/220=9.09(A)

B 相：1000/220=4.55(A)

C 相：3000/220=13.64(A)

(6) 求各相总的计算电流

$$I_{CA}=\sqrt{(5.45+9.09)^2+8.07^2}=16.63(A)$$
$$I_{CB}=\sqrt{(10.91+4.55)^2+16.15^2}=22.36(A)$$
$$I_{CC}=\sqrt{(2.73+13.64)^2+4.04^2}=16.86(A)$$

3.2.2 利用各种用电指标的负荷计算方法

1. 负荷密度法

负荷密度法是一种估算方法,适用于初步设计阶段。

计算公式

$$P_c = \frac{P_o \cdot A}{1000}(kW)$$

式中,P_o 为单位面积功率,即负荷密度,W/m^2;A 为建筑面积,m^2。

用电指标是由经统计和处理的经验数据得到的,单位建筑面积照明用电计算负荷见表 3-4。

表 3-4 单位建筑面积照明用电计算负荷

建筑物名称	单位建筑面积计算负荷 /(W/m²)		建筑物名称	单位建筑面积计算负荷 /(W/m²)	
	白炽灯	荧光灯		白炽灯	荧光灯
一般住宅	6~12		餐厅	8~16	
高级住宅	10~20		高级餐厅	15~30	
一般办公楼		8~10	旅馆、招待所	11~18	
高级办公楼	15~23		高级宾馆	26~35	
科学研究楼		12~18	文化馆	15~18	
教学楼		11~15	电影院	12~20	
图书馆		8~15	剧场	12~27	
大中型商场		10~17	体育练习馆	12~24	
展览厅	16~40		门诊楼	12~25	
锅炉房	5~8		病房楼	8~10	
车房	4~9		车库	57	

2. 单位指标法

单位指标法适用于方案设计阶段。

计算公式

$$P_c = \frac{P'_e \cdot N}{1000}(\text{kW})$$

式中，P'_e为有功负荷的单位指标，W/床、W/户、W/人；N为核算单位的数量。床、户、人等。

练习题3.2

一、填空题

1. 照明负荷的计算就是计算照明电路所消耗_____的大小，也可以说是求照明线路_____的大小，但并不是求功率和电流的实际值，而是求"计算功率"和"计算电流"，二者均被称作"_____"。

2. 计算负荷指消耗电能最多的_____小时的平均功率，用P_c、Q_c、S_c、I_c表示，工程上一般用P_{js}、Q_{js}、S_{js}和I_{js}表示。

3. 照明负荷计算的方法通常采用：_____和负荷密度法。

二、问答题

1. 照明负荷计算的目的是什么？
2. 简述需要系数法进行照明负荷计算的步骤。

三、计算题

1. 某建筑物的分配电箱及所带负荷为照明负荷，从分配电箱引出三条支线，分别带100W白炽灯15只、13只、14只，带电感镇流器的40W荧光灯为10只、12只、10只，求干线的计算电流。

2. 某照明配电系统图如图3.12所示，已知：照明干线上的需要系数$K_X=0.7$，功率因数$\cos\varphi=0.9$，试求：照明干线上的计算负荷。

图3.12 照明系统图

项目 3 照明工程电气设计

任务 3.3 导线、电缆敷设与选择

任务说明	在上个学习单元负荷计算结果的基础上，根据《工业与民用配电手册》《照明设计手册》关于照明工程导线、电缆选择的要求，进行该照明工程导线、电缆选择并列表
学习目标	初步具有照明工程导线、电缆选择的能力
工作依据	教材、图纸、负荷计算结果、手册、规范
实施步骤	1. 认真阅读《工业与民用配电手册》《照明设计手册》关于照明工程导线、电缆选择的要求 2. 根据上个学习单元负荷计算结果和配电网络图，按允许载流量选择导线、电缆截面（照明分支线、插座分支线、公共照明、干线、入户线） 3. 按照机械强度进行校验 4. 按电压损失进行校验 5. 列出导线、电缆选择表
任务成果	办公楼照明工程导线、电缆选择表

正确地敷设和选择电线和电缆，对于保证民用建筑供配电系统安全、可靠、经济、合理地运行，有着重要的意义。导线选择是设计中一项重要的内容。选择不当，或不能保证电气线路的正常运行，或造成浪费。在进行导线选择时，要从导线的电压、材料、绝缘及护套、截面等方面考虑，还要区分相线、中性线和保护线的区别。

照明线路特点是距离长、负荷分散，照明配电网络导线和电缆的选择原则如下。
（1）按使用环境和敷设方法选择导线和电缆的类型。
（2）按线缆敷设的环境条件来选择线缆和绝缘材质。
（3）按机械强度选择导线的最小允许截面。
（4）按允许载流量选择导线和电缆的截面。
（5）按电压损失校验导线和电缆的截面。

3.3.1 导线、电缆敷设

1. 照明线路中导线的敷设方式

室内导线的敷设方式分明敷设和暗敷设两类。

（1）明敷设。绝缘导线采用瓷珠、绝缘子，广泛用在工厂单层厂房中跨、沿屋架敷设；或采用瓷（塑料）夹板、铝皮卡以及槽板（塑料）沿墙、顶棚或屋架，在辅助厂房以

【导线敷设】

及次要的民用建筑中敷设；或穿管、放于电缆桥架内敷设于墙壁、柱子、顶棚的表面及支架等处。

导线明敷设的优点是施工简便、维护直观和耗费较低。选择明敷设方式时应注意，在有可能遇以下的线段应穿钢管或用到机械损伤的地方，如沿柱子、吊车梁或其他措施保护；配电箱几回路出线沿同一方向穿管明敷设时，可合穿一根管子，但管内导线总数不应超过8根，并且不同电压或不同种类的照明回路不能共管敷设。

（2）暗敷设。绝缘导线穿电线管、水煤气管（焊接钢管）、硬质塑料管或难燃塑料电线套管，埋入墙内或地坪内，电线管和焊接钢管亦可敷设在顶棚内或多孔混凝土板板孔中。

暗敷设的优点是不易受到机械等因素的外伤，不易受潮，还能达到美观的要求。导线因有管子保护，电线管、水煤气管本身是导体，如果接零和接地正确，可大大减少配电故障；难燃塑料电线套管质量轻、价格便宜、施工方便，可以在埋墙、暗敷顶棚内代替钢管。

2. 照明线路电缆的敷设方式

（1）明敷设。室内外电缆明敷设一般采用的方法有支架、吊架、托盘、桥架、钢索等方式。

【电缆敷设】

（2）电缆在管道内的敷设。通常是用钢管、塑料管，但也有用瓦管、混凝土管和石棉水泥管。多用于下列场所：电缆从室外引入室内穿过墙或基础时、穿过室内楼板处、从电缆沟道引至用电设备、可能受到机械损伤的地方、容易与人接触的地方。

（3）电缆沟敷设。电缆根数较多，但不超过18根，而且水平通道不够，与地下其他管道交叉不多的情况下，可采用电缆沟敷设。

（4）电缆直埋。电缆在土壤中直埋，埋深≥0.7m。

3.3.2　导线、电缆类型选择

【导线、电缆类型】

导线和电缆类型的选择主要包括选择额定电压、导体材料、绝缘材料、内外护层等。选择时应主要从工程的重要程度、环境条件、敷设方法、节约短缺材料和经济可靠等方面考虑。

1）额定电压

绝缘导线和电缆的额定电压应不低于使用地点的额定电压。

2）导体材料

贯彻"以铝代铜"的方针，在满足线路敷设要求的前提下，优先选用铝芯导线和电缆。但是，在有爆炸危险场所、有剧烈振动的场所、移动式局部照明及重要的民用公共建筑等均应采用铜芯导线或电缆。如在室内建筑中，电气线路一般采用暗敷方式，考虑施工、经久耐用和安全等问题，一般选用铜芯导线和电缆。

3）绝缘及护套

导线和电缆的绝缘材料主要有塑料、橡皮、氯丁橡皮等。在建筑物表面直接敷设时，应选用塑料绝缘和塑料护套线。选择导线和电缆的绝缘材料时，应首先考虑敷设方式及环境条件，其次应考虑其经济性，由于塑料绝缘线的生产工艺简单，绝缘性能好，成本低，应尽量选用塑料绝缘电线。塑料绝缘线（BV、BLV）的绝缘性能良好，价格较低，由于不能耐高温，绝缘容易老化，所以塑料绝缘线不宜在室外敷设。橡皮绝缘线（BX、BLX）的性能优于前者。氯丁橡皮绝缘线（BXF、BXLF）的特点是耐油性能好、不易霉、不延燃、光老化过程缓慢，因此可以在室外敷设。

4) 电缆外护层及铠装

电力电缆的外护层及铠装种类较多，要根据其敷设方式（室内外、电缆沟、管道、竖井、埋地、水下等）、环境条件（易燃、移动、腐蚀等）选用。

5) 常用导线和电缆

BV：塑料绝缘铜芯或铝芯导线。用于交流 500V、直流 1000V 及以下的线路中，供穿钢管或 PVC 管明敷或暗敷用，不宜在室外敷设。

YJV：交联聚乙烯绝缘、聚乙烯绝缘护套铝芯、铜芯电力电缆，具有载流量大、质量轻的优点，敷设于室内、沟道中、管子内，也可埋没在土壤中。在高层或大型民用建筑中，消防设施线路应采用阻燃（ZR）、耐高温（NT）或防火（NH）的电力电缆。交联聚乙烯绝缘电力电缆外形结构如图 3.13 所示。

图 3.13　交联聚乙烯绝缘电力电缆外形结构
1—缆芯（铜芯或铝芯）；2—交联聚乙烯绝缘层；3—聚氯乙烯护套（内护层）；
4—钢铠或铝铠（外护层）；5—聚氯乙烯外套（外护层）

导线和电缆型号与敷设条件见表 3-5。

表 3-5　导线和电缆型号与敷设条件

类别	型号		绝缘材料、类型	敷设条件
	铜芯	铝芯		
电线	BX	BIX	橡皮绝缘	室内架空或穿管敷设，交流 500V、直流 1000V 以下
	BXF	BIXF	氯丁橡皮绝缘	室外架空或穿管敷设，交流 500V、直流 1000V 以下，尤其适用于室外架空
	BV (BV$_{-105}$)	BLV (BLV$_{-105}$)	聚氯乙烯绝缘 （耐热 105℃）	室内明敷或穿管敷设，交流 500V、直流 1000V 以下电器设备及电气线路

(续)

类别	型号 铜芯	型号 铝芯	绝缘材料、类型	敷设条件
软线	(ZR-)RV		(阻燃型)聚氯乙烯绝缘	交流250V及以下的照明，各种电器（阻燃型适用于有阻燃要求的场所）
软线	(ZR-)RVB		(阻燃型)聚氯乙烯绝缘平型	
软线	(ZR-)RVS		(阻燃型)聚氯乙烯绝缘绞型	
电力电缆	(NH-)VV	VLV	(耐火型)聚氯乙烯绝缘、聚氯乙烯护套	敷设在室内、隧道内及管道中，不承受机械外力作用（耐火型适用于照明、电梯、消防、报警系统、应急供电回路及地铁、电站、火电站等与防火安全及消防救火有关的场所）
电力电缆	ZQD	ZLQD	不滴流浸渍剂纸绝缘裸铅包	敷设在室内、沟道中及管子内，对电缆没有机械损伤，且对铅护层有中性环境
电力电缆	ZQ	ZLQ	油浸绝缘裸铅包	
电力电缆	(ZR-)YJV	(ZR-)YJLV	(阻燃型)交联聚乙烯绝缘、聚氯乙烯护套	敷设在室内、隧道内及管道中，也可敷设在土壤中，不承受机械外力作用，但可承受一定的敷设牵引力（耐火型适用于高层建筑、地铁、地下隧道、核电站、火电站等与防火安全及消防救火有关的场所）
电力电缆	YJVF	YJLVF	交联聚乙烯绝缘、分相聚氯乙烯护套	
绝缘电力电缆	(NH-)VV$_{29}$	VLV$_{29}$	(耐火型)聚氯乙烯绝缘、聚氯乙烯护套内钢带铠装	敷设在地下，能承受机械外力作用，但不能承受大的拉力（耐火型适用于照明、电梯、消防、报警系统、应急供电回路及地铁、电站、火电站等与防火安全及消防救火有关的场所）
绝缘电力电缆	VV$_{30}$	VLV$_{30}$	聚氯乙烯绝缘、聚氯乙烯护套内钢丝铠装	敷设在室内、矿井中，能承受机械外力作用，能承受相当的拉力
绝缘电力电缆	ZQD$_{12}$	ZLQD$_{12}$	不滴流浸渍剂纸绝缘铅包钢带铠装	用于垂直或高落差敷设，敷设在土壤中，能承受机械损伤，但不能承受大的拉力
绝缘电力电缆	ZQD$_{22}$	ZLQD$_{22}$	不滴流浸渍剂纸绝缘铅包钢带铠装聚氯乙烯护套	用于垂直或高落差敷设，敷设在对钢带严重腐蚀的环境中，能承受机械损伤，但不能承受大的拉力
绝缘电力电缆	ZQ$_{12}$	ZLQ$_{12}$	油浸纸绝缘铅包钢带铠装	敷设在土壤中，能承受机械损伤，但不能承受大的拉力
绝缘电力电缆	ZQ$_{22}$	ZLQ$_{22}$	油浸纸绝缘铅包钢带铠装聚氯乙烯护套	敷设在对钢带严重腐蚀的环境中，能承受机械损伤，但不能承受大的拉力
绝缘电力电缆	YJV$_{29}$	YJLV$_{29}$	交联聚乙烯绝缘、分相聚氯乙烯护套内钢带铠装	敷设在土壤中，能承受机械外力作用，但不能承受大的拉力
绝缘电力电缆	YJVF$_{30}$	YJLVF$_{30}$	交联聚乙烯绝缘、分相聚氯乙烯护套裸细钢丝铠装	敷设在室内、矿井中，能承受机械外力作用，并能承受相当的拉力

3.3.3 导线和电缆截面选择

导线的选择必须满足下列条件。

(1) 发热条件：导线通过正常计算电流（I_{30}）时，其发热所产生的温升不应超过正常运行时的最高允许温度，以防止因过热引起导线绝缘损坏或加速老化。

(2) 电压损失：导线在通过正常计算电流时产生的电压损失应小于正常运行时的允许电压损失，以保证供电质量。

(3) 经济电流密度：对高电压、长距离输电线路和大电流低压线路，其导线的截面宜按经济电流密度选择，以使线路的年综合运行费用最小，节约电能和有色金属。

(4) 机械强度：正常工作时，导线应有足够的机械强度，以防断线。通常所选截面应不小于该种导线在相应敷设方式下的最小允许截面，由于电缆具有高强度内外护套，机械强度很高，因此不必校验其机械强度，但需校验其短路热稳定度。

此外，对于绝缘导线和电缆，还应满足工作电压的要求；对于硬母线，还应校验短路时的动、热稳定度。

1. 按允许载流量条件选择导线截面

导线载流量是指导线或电缆在某一特定的环境和敷设条件下，其稳定工作温度不超过其绝缘允许最高持续工作温度的最大负荷电流。按允许载流量条件选择导线截面也叫作按发热条件选择导线截面。

【按允许载流量条件选择导线截面】

由于负荷电流通过导线时会发热，使导线温度升高，而过高的温度将加速绝缘老化，甚至损坏绝缘，引起火灾。裸导线温度过高时将使导线接头处加速氧化，接触电阻增大，引起接头处过热，造成断路事故。为了确保正常运行中的导线温度不会超过允许值，生产厂家往往通过计算或实验的方法，将不同材料、不同截面的绝缘导线在不同环境温度和敷设方式时的允许载流量列成表格，供实际工程设计时选用。

1) 相线截面的选择

$$I_{al} \geqslant I_{30}$$

式中，I_{30} 为线路的计算电流，I_{al} 为导线的允许载流量，在规定的环境温度条件下，导线长期连续运行所达到的稳定温升温度不超过允许值的最大电流。如果导线敷设地点的环境温度与导线允许载流量所采用的环境温度不同时，则导线的实际载流时可用允许载流量 I_{al} 乘以温度校正系数 K_θ 进行校正，即

$$K_\theta = \sqrt{\frac{\theta_{al} - \theta_0'}{\theta_{al} - \theta_0}}$$

各种导线的允许载流量可查有关设计手册或本书附录。铜芯导线的允许载流量为相同类型、相同截面铝芯导线的 1.29 倍。

2) 中性线（N 线）截面的选择

在三相四线制系统（TN 或 TT 系统）中，正常情况下中性线通过的电流仅为三相不平衡电流、零序电流及三次谐波电流，通常都很小，因此中性线的截面可按以下条件选择。

(1) 一般三相四线制线路的中性线截面 S_N 应不小于相线截面 S_ϕ 的 50%，即
$$S_N \geqslant 0.5 S_\phi$$

(2) 由三相四线制线路分支的两相三线线路和单相双线线路，由于其中性线电流与相线电流相等，因此它们的中性线截面 S_N 应与相线截面 S_ϕ 相同，即 $S_N = S_\phi$。

(3) 三次谐波电流突出的三相四线制线路（供整流设备的线路），由于各相的三次谐波电流都要通过中性线，将使得中性线电流接近甚至超过相线电流，因此其中性线截面 S_N 宜大于或等于相线截面 S_ϕ，即 $S_N \geqslant S_\phi$。

3) 保护线（PE线）截面的选择

正常情况下，保护线不通过负荷电流，但当三相系统发生单相接地时，短路故障电流要通过保护线，因此保护线要考虑单相短路电流通过时的短路热稳定度。按有关规定，保护线的截面 S_{PE} 可按以下条件选择。

(1) 当 $S_\phi \leqslant 16 mm^2$ 时，$S_{PE} \geqslant S_\phi$。

(2) 当 $16 mm^2 < S_\phi \leqslant 35 mm^2$，时 $S_{PE} \geqslant 16 mm^2$。

(3) 当 $S_\phi > 35 mm^2$ 时，$S_{PE} \geqslant 0.5 S_\phi$。

4) 保护中性线（PEN线）截面的选择

保护中性线兼有保护线和中性线的双重功能，其截面选择应同时满足上述二者的要求，并取其中较大的截面作为保护中性线截面 S_{PEN}。

【例3.2】 有一条采用 BV-500 型铜芯塑料线明敷的 220/380V 的 TN-S 线路，计算电流为 140A，当地最热月平均最高气温为 30℃。试按发热条件选择此线路的导线截面。

【解】 TN-S 线路为含有 N 线和 PE 线的三相四线制线路，因此除选择相线外，还要选择 N 线和 PE 线。

(1) 相线截面的选择。

查附录 D-5 可知，环境温度为 30℃ 时，$35 mm^2$ 的 BV-500 型明敷铜芯塑料线 $I_{al} = 156A$，满足发热条件，故相线截面 $S_\phi = 35 mm^2$。

(2) N 线截面的选择。

根据要求，可选择 N 线截面为 $S_N = 25 mm^2$。

(3) PE 线截面的选择。

$S_\phi \leqslant 16 mm^2$ 时，选 $S_{PE} \geqslant S_\phi = 16 mm^2$。

2. 按经济电流密度选导线截面

当沿电力线路传送电能时，会产生功率损耗和电能损耗。这些损耗的大小及其费用都与导线或电缆的截面大小有关，截面越细，损耗越大，所耗费用也越大。增大截面虽然使损耗和费用减小，但增大了线路的投资，可见，在此中间总可以找到一个最为理想的截面，使年运行费用最小，这个理想截面称为经济截面 S_{ec}，根据这个截面推导出来的电流密度称为经济电流密度 J_{ec}。

年运行费用包括线路年电能损耗费、年折旧维护费和年管理费（所占比重较小，通常可忽略）。

1) 年电能损耗费

年电能损耗费＝线路的年电能损耗×电度电价

2) 年折旧维护费

$$年折旧费 = 线路建设总投资 \times 年折旧率$$
$$年维修费 = 线路建设总投资 \times 年维修率$$

3) 年管理费

年管理费包括人员工资、奖金、劳动防护用品等。

经济电流密度 J_{ec} 与年最大负荷利用小时数有关，年最大负荷利用小时数越大，负荷越平稳，损耗越大，经济截面因而也就越大，经济电流密度就会变小。我国现行的经济电流密度见表 3-6。

表 3-6 经济电流密度表

线路类别	导线材料	年最大负荷利用小时数 T_{max}		
		3000h 以下	3000~5000h	5000h 以上
架空线路和母线	铜	3.00	2.25	1.75
	铝	1.65	1.15	0.90
电缆线路	铜	2.50	2.25	2.00
	铝	1.92	1.73	1.54

按经济电流密度计算经济截面 S_{ec} 的公式为

$$S_{ec} = I_{30}/J_{ec}$$

【例 3.3】 一条长 25km 的 35kV 架空线路，在 15km 处有负荷 2600kW，末端处有负荷 2000kW，$\cos\varphi$ 同为 0.85，两处负荷的 T_{max} 均为 5200h，当地最热月平均气温 30℃。试根据经济电流密度选择 LJ 型铝绞线，并校验其发热条件和机械强度。

【解】（1）选择经济截面。

线路的计算电流为 $I_{30} = P_{30}/(\sqrt{3}U_N\cos\varphi) = 4600/(\sqrt{3} \times 35 \times 0.85) = 89.3(A)$

由表 3-9 查得 $J_{ec} = 0.9A/mm^2$，因此可得

$$S_{ec} = 89.3/0.90 = 99.2(mm^2)$$

查附录 D-1 选标准截面 95mm²，即选 LJ-95 型铝绞线。

（2）校验发热条件。查附录 D-1 得，LJ-95 的允许载流量（30℃时）$I_{al} = 306A > 89.3A$，满足发热条件。

（3）校验机械强度。查附录 D-4 得，35kV 铝绞线的最小截面 $S_{min} = 35mm^2 < S = 95mm^2$，因此所选的 LJ-95 型铝绞线满足机械强度要求。

综合考虑，最终确定选择 LJ-95。

3. 电压损失计算

照明线路的电压损失指的是线路首端与末端电压的代数差，工程上常用额定电压的百分数表示，其大小与线路导线截面（即线路电阻和电抗）、各负荷功率等因素有关。导线和电缆在通过正常最大负荷电流时产生的电压损耗，不应超过其正常运行时允许的电压损耗。

线路上的电压损失 $\Delta U = $ 电源端输出电压 $U_1 -$ 负载端得到电压 U_2

【电压损失计算】

相对电压损失 $\Delta U\% = \dfrac{U_1 - U_2}{1000 U_n} \times 100\%$

为保证供电质量,高低压输配电线路电压损失一般不超过线路额定电压的 5%(即 $\Delta U_{al}\% \leqslant 5\%$);对视觉要求较高的照明线路,$\Delta U_{al}\% \leqslant 2\%$。如果线路的电压损耗值超过了允许值,应适当加大导线的截面,减小配电线路的电压降,以满足用电设备的要求。

(1) 终端只有一个集中负荷的三相线电压损失计算。计算电压降的三相线路和电压相量图如图 3.14 所示。

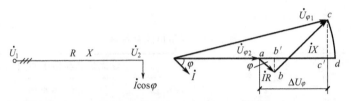

图 3.14 计算电压降的三相线路和电压相量图

设三相功率为 P,线电流为 I,功率因数为 $\cos\varphi$,线路电阻为 R,电抗为 X,线路首端的相电压为 $U_{\varphi 1}$,末端的相电压为 $U_{\varphi 2}$。

由相量图可知,线路的相电压损失为

$$\Delta U_\varphi \approx ac' = ab' + b'c' = IR\cos\varphi + IX\sin\varphi = I(R\cos\varphi + X\sin\varphi)$$

把电流的表达式换算成线电压损失为

$$\Delta U = \sqrt{3}\,\Delta U_\varphi = \sqrt{3}\,I(R\cos\varphi + X\sin\varphi) = (PR + QX)/U_N$$

若以百分值表示,则为 $\Delta U\% = \Delta U/(1000 U_N) \times 100 = (PR + QX)/(10 U_N^2)$

(2) 终端带有多个集中负荷的三相线电压损失计算。如果一条线路带有多个集中负荷,并已知每段线路的负荷及阻抗,则可分别求出各段线路的电压损失,线路总的电压损失即为各段线路电压损失之和。下面以带两个集中负荷的三相线路为例,说明多个集中负荷电压损失的求法。

图 3.15 终端带有多个集中负荷的三相线电压损失

在图 3.15 中,以 P_1、Q_1、P_2、Q_2 表示通过各段线路的有功功率和无功功率,p_1、q_1、p_2、q_2 表示各个负荷的有功功率和无功功率,r_1、x_1、r_2、x_2 表示各段线路的电阻和电抗。

因此,对第一段线路有

$$P_1 = p_1 + p_2$$
$$Q_1 = q_1 + q_2$$

对第二段线路有

$$P_2 = p_2$$
$$Q_2 = q_2$$

各段线路的电压损失分别为

$$\Delta U_1 = (P_1 r_1 + Q_1 x_1)/U_N$$
$$\Delta U_2 = (P_2 r_2 + Q_2 x_2)/U_N$$

线路总的电压损失为

$$\Delta U = \Delta U_1 + \Delta U_2$$
$$= (P_1 r_1 + P_2 r_2 + Q_1 x_1 + Q_2 x_2)/U_N$$
$$= \sum (P_i r_i + Q_i x_i)/U_N$$

电压损失百分值为

$$\Delta U\% = \sum (P_i r_i + Q_i x_i)/(10 U_N^2)$$

【例 3.4】 试校验例 3.3 所选线路的电压损失,要求电压损失的百分值不超过 5%。已知 $r_0 = 0.36\Omega/\text{km}$,$x_0 = 0.34\Omega/\text{km}$,线路为等距三角形架设,线间距离为 1m。

【解】 例 3.3 中线路导线截面为 LJ-95,依据已知 $r_0 = 0.36\Omega/\text{km}$,$x_0 = 0.34\Omega/\text{km}$。
由 $p_1 = 2600\text{kW}$,$p_2 = 2000\text{kW}$,可求得:$q_1 = 1618\text{kVar}$,$q_2 = 1240\text{kVar}$。
第一段线路参数 $P_1 = p_1 + p_2 = 2600 + 2000 = 4600(\text{kW})$

$$Q_1 = q_1 + q_2 = 1618 + 1240 = 2858(\text{kVar})$$
$$r_1 = 0.36 \times 15 = 5.4(\Omega)$$
$$x_1 = 0.34 \times 15 = 5.1(\Omega)$$

第二段线路参数 $P_2 = p_2 = 2000(\text{kW})$

$$Q_2 = q_2 = 1240(\text{kVar})$$
$$r_2 = 0.36 \times 10 = 3.6(\Omega)$$
$$x_2 = 0.34 \times 10 = 3.4(\Omega)$$

求出线路的电压损失为
$\Delta U\% = 4.15\% < 5\%$
满足电压损失要求。

(3) 分布负荷电压损失计算。如图 3.16 所示对于均匀分布负荷的线路,单位长度线路上的负荷电流为 i_0,均匀分布负荷产生的电压损失相当于全部负荷集中线路中点(即均匀分布负荷等效的集中负荷)时的电压损失,可用下式计算

$$\Delta U = \sqrt{3} I r_0 L/2 = Pr_0/U_N \cdot L/2$$

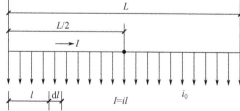

图 3.16 对于均匀分布负荷的线路电压损失

4. 按允许电压损失选择导线截面

按允许电压损失选择导线截面分两种情况，一是各段线路截面相同，二是各段线路截面不同。

一般情况下，当供电线路较短时常采用统一截面的导线

$$\Delta U\% = \sum P_i r_i/(10U_N^2) + \sum Q_i x_i/(10U_N^2) = \Delta U_p\% + \Delta U_q\%$$

若全线截面一致，且不计感抗的影响，则电压损失为

$$\Delta U\% = \Delta U_p\% = \sum P_i l_i/(10\gamma U_N^2 S) = \sum M/CS$$

如果已知线路的允许电压损失（$\Delta U_{al}\%$），则该线路的导线截面为

$$S = \sum M/(C\Delta U_{al}\%)$$

对于低压线路而言，由于输电线的线间距离很近，电压又低，导线截面较小，线路的电阻比电抗值要大得多，由感抗影响所引起的电压损失误差较小，所以低压照明线路若按允许电压损失来选择导线或电缆的截面时，只需要考虑线路的电阻和输送的功率，即忽略电抗的作用，认为功率因数近似为 1。

计算电压损失中的 C 值见表 3-7。

表 3-7 计算电压损失中的 C 值（$\cos\varphi=1$）

线路额定电压/V	供电系统	C 值	
		铜	铝
220/380	三相四线	72	44.5
220/380	两相及零线	32	19.8
380	单相及直流	36.01	22.23
220	单相及直流	12.07	7.45
110	单相及直流	3.018	1.863
42	单相及直流	0.44	0.276
36	单相及直流	0.323	0.1995
24	单相及直流	0.144	0.087
12	单相及直流	0.0359	0.0222

这样电压损失仅与有功负荷的大小和线路的长度成正比，与导线的截面成反比，则导线或电缆的截面可按负荷矩法进行计算，即

$$S = \frac{\sum M}{C\Delta u\%} = \frac{\sum Pl}{C\Delta u\%}$$

5. 按机械强度要求选择导线截面

据允许载流量或电压损失选择的导线或电缆的截面，还必须校验其机械强度，以保证导线在正常工作状态下不会断线。为保证导线的机械强度，导线的截面不应小于表 3-8 所列数值。电缆不必校验机械强度，只需校验其短路热稳定度。

表 3-8　绝缘导线最小截面

敷设方式			线芯最小截面/mm²	
			铜芯	铝芯
照明用灯头引下线			1.0	2.5
敷设在绝缘支持件上的绝缘导线（L 为支持点间距）	室内	L≤2m	1.0	2.5
敷设在绝缘支持件上的绝缘导线（L 为支持点间距）	室外	L2m	1.5	2.5
		2m<L≤6m	2.5	4.0
		6m<L≤15m	4.0	6.0
		15m<L≤25m	6.0	10.0
绝缘导线穿管及绝缘导线槽板、线槽敷设、护套线扎头明敷			1.0	2.5
PE 线和 PEN 线	有机械保护时		1.5	2.5
	无机械保护时	多芯线	2.5	4.0
		单芯干线	10	16

一般 10kV 及以下的高压线路和低压动力线路，通常先按发热条件来选择导线和电缆截面，再校验其电压损耗和机械强度。低压照明线路，因其对电压水平要求较高，通常先按允许电压损耗进行选择，再校验其发热条件和机械强度。对长距离大电流线路和 35kV 及以上的高压线路，则可先按经济电流密度确定经济截面，再校验其他条件。

6. 导线截面应与线路保护设备相配合

由于线路的导线截面是根据实际负荷选取的，因此，在系统正常运行时，负荷电流是不会超过导线的长期允许载流量的。但是为了避开线路中短时间过负荷的影响，同时又能可靠地保护线路，导线截面的选择还必须考虑与线路保护设备的配合。

练习题3.3

一、填空题

1. 按使用环境和_____选择导线和电缆的类型。
2. 按线缆敷设的环境条件来选择线缆和绝缘_____。
3. 按_____选择导线的最小允许截面。
4. 按允许载流量选择导线和电缆的_____。
5. 按_____校验导线和电缆的截面。
6. 选导体材料：照明配电干线和分支线，应采用_____绝缘电线或_____。
7. 选绝缘材料：

（1）_____（BV、BLV）的绝缘性能良好，价格较低，由于不能耐高温，绝缘容易老化，所以塑料绝缘线不宜在室_____敷设。

（2）_____（BX、BLX）的性能优于前者。

（3）在高层或大型民用建筑中；消防设施线路应采用_____（ZR）、耐_____（NT）或耐_____（NH）的电力电缆。

8. 导线截面的选择主要考虑三方面。

（1）满足_____的要求：I_c＜导线允许载流量。

（2）满足_____强度的要求。

（3）满足_____的要求：3％～5％

9. 根据规范规定：

（1）住户室内配电线路宜采用_____敷设。

（2）导线应采用_____线，住宅单相进户线截面不应小于_____ mm²，三相进户线截面不应小于6mm²。

（3）一般分支回路导线截面不应小于_____ mm²，柜式空调器、电热水器等电源插座回路应根据_____选择导线截面。单相电源回路的中性线应与_____线截面相等。

二、计算题

1. 有一条采用Blx-500型铝芯橡胶线明敷的220/380V的TN-S线路，计算电流为140A，当地最热月平均最高气温为30℃。试按发热条件选择此线路的导线截面，并表示出来。

2. 如图3.17所示的照明配电线路中，P_1、P_2、P_3、P_4均为200W的白炽灯，线路的额定电压为220V，采用截面为4.0mm²的铝导线，各负荷至电源的距离如图所示。求：线路末端的电压损失。

图 3.17

任务 3.4　照明线路保护电器选择

任务说明	在前面负荷计算结果的基础上，根据《工业与民用配电手册》《照明设计手册》关于照明工程电气设备选择的要求，进行该办公楼照明工程导线、电缆选择并列表
学习目标	初步具有照明工程线路保护设备选择的能力
工作依据	教材、手册、规范、照明配电系统图、负荷计算结果
实施步骤	1. 认真学习《工业与民用配电手册》《照明设计手册》关于照明工程线路保护设备选择的要求 2. 依据前面负荷计算结果和配电网络图，对各种保护电器（低压断路器、漏电保护器）的型号、参数、安装方式进行选择 3. 填写办公楼照明电气设备选择表
任务成果	办公楼照明保护电器选择表

3.4.1 照明配电线路的保护

运行中的照明配电线路和设备，由于绝缘老化、机械损伤或其他原因，可能发生各种故障，或不正常的工作状态，或造成人身触电事故。为确保照明设备、照明线路和人身的安全，必须采取有效的保护方式和安全措施，以便及时地发现这些故障或不正常状态，并通过相应的保护电器动作，自动地切断故障电路。

照明线路的主要故障形式是短路、过负荷以及单相接地故障，因此照明线路中应装设短路保护、过载保护和接地故障保护，并要求保护方式与配电系统的特征（如线路配电方式、配电级数等）及接地型式相符合。

1. 短路保护

短路故障是指载流导体间的短路，即相间短路或相线与中性线间的短路，这是一种使回路中电流急剧增大的故障，系统设备或线路不能承受，也不能保证电气系统的正常运行，因此所有照明配电线路均应设置短路保护，保护电路应在短路电流对导体和连接件产生的热作用和机械作用造成危害之前切断短路电流。

照明线路中对短路保护的要求主要有以下几点。

（1）通常用熔断器或低压断路器的瞬时脱扣器作短路保护，且保护电器应装设在每回路的电源侧、线路的分支处和线路载流量减少处（包括导线截面的减小或导体类型、敷设方式和环境条件改变等导致的载流量减小）。

（2）配电线路短路保护电器的分断能力应大于安装处的预期短路电流。

（3）短路保护电器应装设在低压配电线不接地的各相（或极）上，当相线与中性线截面相同时，或虽中性线截面小于相线截面但已能为相线上的保护电器所保护时，可用相线上的保护电器保护中性线，而不需为中性线单独设置保护；当中性线不能被相线保护电器所保护时，则应为中性线设置保护。

（4）中性线的保护要求：一般不需将中性线断开；若需要断开中性线，则应装设能同时切断相线和中性线的保护电器；装设剩余电流动作的保护电器时，应将其所保护回路的所有带电导线断开，但在 TN 系统中，如能可靠地保持中性线为地电位，则中性线不需断开；系统中，严禁断开保护中性线，不得装设断开保护中性线的任何电器；当需要为保护中性线设置保护时，只能断开有关的相线回路。

2. 过负载保护

过负荷是指超过设备或线路可以承受的长期工作负荷，且超过值不大的情况，此时会使系统中导体温度升高加快，所以应控制过负荷时间。

照明线路的过负荷保护要求如下。

（1）照明线路中除不可能增加负荷或因电源容量限制而不会导致过载者外，均应装设过负荷保护。保护电器应在过负荷电流引起的导线温升对导体的绝缘、接头、端子造成严重损坏前切断负荷电流。

（2）过负荷在系统正常运行中是不能完全避免的，如气体放电光源的启动或冲击性负荷的接入等，因此过负荷是不能立即将回路切除，而是根据过负荷量的大小和过负荷的时间来确定是否切除，即电气设备和线路的过负荷能力与切除故障时间应具有反时限关系，过负荷保护电器宜采用反时限保护特性的保护电器，通常用断路器长延时过电流脱扣器或熔断器作过负荷保护。

（3）过载保护电器宜采用反时限特性的保护电器，其分断能力可低于保护电器安装处的短路电流，但应能承受通过的短路能量。过载保护电器的约定动作电流应大于被保护照明线路的计算电流，但应小于被保护照明线路允许持续载流量的1.45倍。

3. 接地保护

（1）接地故障是指因绝缘损坏致使相线对地或与地有联系的导电体之间的短路，它包括相线与大地，以及PE线、PEN线、配电设备和照明灯具的金属外壳、敷线管槽、建筑物金属构件、水管、暖气管以及金属屋面之间的短路。

（2）照明配电线路应设置接地故障保护，其保护电器应在线路故障时，其接触电压导致人身间接电击伤亡以及电气火灾、线路损坏之前，能迅速有效地切除故障电路。对于Ⅰ类设备，接地故障保护的基本目的是：当绝缘损失，尽量降低接触安全电压值（将接触电压限制在50V之内），并限制此电压对人体的作用时间，避免伤亡事故。接地故障保护的随机因素多，比较复杂，接地故障保护的主要原则如下。

① 切断接地故障的时限，应根据系统接地形式和用电设备使用情况确定，但最长不宜超过5s。

② 应设置总等电位连接，将电气线路的PE干线或PEN干线与建筑物金属构件和金属管道等导电体连接。

（3）一般照明线路的接地故障保护采用能承担短路保护的漏电保护器，其漏电动作电流依据断路器安装位置不同而异。一般情况下，照明线路的最末一级线路（如插座回路、安装高度低于2.4m照明灯具回路等）的漏电保护的动作电流为30mA，分支线、支线、干线的漏电保护的动作电流有50mA、100mA、300mA、500mA等。

3.4.2 照明线路保护电器

由于照明线路的主要故障形式中，变化最明显且最易检测到的电气参数为电流，所以保护电器一般是以反映电流过量而动作的。照明线路中常用的保护电器有低压熔断器、低压断路器的脱扣器和剩余电流保护器等。

1. 熔断器

【熔断器】

熔断器是最简单和最早使用的一种保护电器。当导体中通过过负荷电流或短路电流时，利用导体产生的热量使其自身熔断，从而切断故障电路。低压熔断器是低压配电系统应用非常广泛的保护器件，用来保护电器设备和配电线路免受过负荷电流和短路电流的损害。目前，在低压配电系统中常用的低压熔断器主要有瓷插式、螺旋式、有填料高分断式、自复式等几种。

在民用用交流50Hz，额定电压220V或380V，额定电流小于200A的低压照明线路和分支回路中，一般采用瓷插式熔断器作短路或过负荷保护。

熔断器的额定电流与熔体的额定电流是两个不同的值。熔断器的额定电流是指熔断器载流部分和接触部分设计所依据的电流。而熔体的额定电流是指熔体本身设计所依据的电流，即不同材料、不同截面的熔体所允许通过的最大电流。在同一熔断器内，通常可分别装入不同额定电流的熔体，熔体的最大额定电流可与熔断器的额定电流相同。

1) 瓷插式熔断器

瓷插式熔断器如图 3.18 所示，这种熔断器一般用于民用交流电 50Hz，额定电压 380V 或 220V，额定电流小于 200A 的低压照明线路或分支回路中，作短路或过电流保护用。

图 3.18　瓷插式熔断器
1—底座；2—动触头；3—熔体；4—瓷插件；5—静触头

2) 螺旋式熔断器

螺旋式熔断器如图 3.19 所示，一般用于电气设备的控制系统中作短路和过电流保护。其熔体支持部分是一个瓷管，内有石英砂和熔体，熔体两端焊在瓷管两端的导电金属端盖上，其上端盖中有一个染有红漆的熔断指示器。当熔体熔断时，熔断指示器弹出脱落。

图 3.19　螺旋式熔断器
1—底座；2—熔体；3—端帽

3) 有填料高分断熔断器

有填料高分断熔断器广泛应用于各种低压电气线路和设备中作为短路和过电流保护。它具有较高的分断电流（120kA）的能力，额定电流也可达 1250A。其熔体是采用紫铜箔冲制的网状多根并联形式的熔片，中间部位有锡桥，装配时将熔片围成笼状，以充分发挥填料与熔体接触的作用，这样既可均匀分布电弧能量而提高分断能力，又可使管体受热比较均匀而不易使其断裂。

2. 低压断路器

【断路器】

低压断路器又叫低压自动空气开关，除具有一般开关通断电路的功能外，同时还具有反映系统的故障状态，判断是否需要分断电路，并执行分断动作的功能，是一种既能分合负荷电流又能分断短路电流的开关电器。

图 3.20 为低压断路器工作原理，低压断路器由三个基本部分组成：主触头、脱扣器和自由脱扣器及操作机构。主触头是通断电路的主要部件，其主触头极数有单极、1 极、2 极、3 极和 4 极，不同的各种脱扣器是实施保护功能的主要部件，照明线路中常用热脱扣器和电磁脱扣器构成不同的组合形式；自由脱扣器及操作机构是联系主触头和脱扣器的中间传递部件。

图 3.20　低压断路器工作原理

1—主触头；2—跳钩；3—锁扣；4—分励脱扣器；5—失压脱扣器；6、7—脱扣按钮；
8—加热电阻丝；9—热脱扣器；10—过流脱扣器

（1）低压断路器按保护性能可分为非选择型和选择型两类。非选择型断路器一般为瞬时动作，只作短路保护用；也有的为长延时动作，只作过负荷保护用。选择型断路器有两段保护、三段保护和智能化保护等。两段保护为瞬时或短延时与长延时特性两段。三段保护为瞬时、短延时与长延时特性三段，其中瞬时和短延时特性适用于短路保护，而长延时特性适用于过负荷保护。图 3.21 为低压断路器的保护特性曲线。

图 3.21　低压断路器的保护特性曲线
（a）瞬时动作特性；（b）两段式保护特性；（c）三段式保护特性

(2) 低压断路器按其结构型式可分为框架式、塑料外壳式和小型模块式。

① 万能式断路器。万能式断路器一般具有一个有绝缘衬垫的钢制框架，所有部件均安装在这个框架内，所以又称为框架式断路器，其外形结构如图 3.22 所示。

图 3.22　万能断路器外形结构

② 塑料外壳式断路器。塑料外壳式断路器的主要特征是有一个采用聚酯绝缘材料模压而成的外壳，所有部件都装在这个封闭型外壳中。塑料外壳式断路器外形结构如图 3.23 所示。

图 3.23　塑料外壳式断路器外形结构

③ 模数化小型断路器。模数化小型断路器属于配电网的终端电器，是组成终端组合电器的主要部件之一。终端电器是指装于线路末端的电器，对有关系统和用电设备进行分合控制和保护。模数化小型断路器外形结构如图 3.24 所示。

3. 低压隔离开关

在断开位置能符合规定的隔离功能要求的开关电器称为低压隔离器。在断开位置能满足隔离器要求的开关称为低压隔离开关。

低压隔离开关是一种结构简单、应用十分广泛的手动电器，主要供无载通断电路用，即在不分断负载电流或分断时各极两触头间不会出现明显电压差的条件下接通或分断电路用。

【隔离开关】

图 3.24 模数化小型断路器断路器外形结构

(a) 正面；(b) 侧面

4. 负荷开关

负荷开关有 HH 系列封闭式负荷开关和 HK 系列开启式负荷开关。负荷开关具有灭弧装置，可以通断正常的负荷电流。

HH 系列封闭式负荷开关又称铁壳开关，一般是三极，常用型号有 HH3、HH4 系列。它是刀开关和熔断器的组合产品，由铁壳、熔断器、闸刀、夹座和操作机构等组成。HK 系列开启式负荷开关，也称胶盖瓷底闸刀开关。

5. 剩余电流保护装置

【剩余电流保护器】

剩余电流保护装置是对电气回路的不平衡电流进行检测而发出信号的装置，当回路中有电流泄漏且达到一定值时，剩余电流保护装置可向断路器发出跳闸信号，切断电路，以避免触电事故的发生或因泄漏电流造成火灾事故的发生。

剩余电流保护装置主要由零序电流互感器、漏电脱扣器、试验装置等组成，其关键部件是零序电流互感器，用于测出电气回路的不平衡电流。剩余电流保护装置必须与断路器或负荷开关配合使用。若将剩余电流保护装置与断路器合成为一个电器，则称为剩余电流断路器；若将剩余电流保护装置与负荷开关合成为一个电器，则称为剩余电流开关。剩余电流保护装置结构原理图如图 3.25 所示。

图 3.25 剩余电流保护装置结构原理图

1—试验电阻；2—试验按钮；3—断路器；4—零序电流互感器；5—漏电脱扣器；6—动力设备；7—灯具

剩余电流保护装置的脱扣器分为电磁式和电子式。电磁式剩余电流保护装置能直接通过脱扣器操作断路器；而电子式则需经过电子放大器将信号放大后才能使脱扣器动作操作断路器，它需要专门的电源才能工作。因此前者动作可靠性更高，但价格较高。

3.4.3 照明线路保护电器选择

选择照明配电用保护电器时，首先要保证各保护电器的额定电压必须符合所在回路的标称电压，额定频率应符合网络要求；其次应根据使用场所的温度、湿度、灰尘、冲击、振动、海拔高度、腐蚀性介质、火灾与爆炸危险介质等条件选择电器相应的外壳防护等级。

下面介绍保护电器额定电流等参数的选择和各级保护之间的选择性要求。

1. 断路器选择

1）断路器额定电流的确定

断路器壳架等级额定电流（指塑壳或框架中所能装的最大过电流脱扣器的额定电流）和断路器的额定电流（过电流脱扣器的额定电流）应大于或等于线路的计算电流。

【低压断路器选择】

2）脱扣器额定电流的整定

照明用的低压断路器的长延时和瞬时过电流脱扣器的整定电流的选择，应考虑光源启动电流的影响，其整定电流分别为

$$I_{n1} \geq K_{k1} \cdot I_c$$
$$I_{n3} \geq K_{k3} \cdot I_c$$

式中，I_{n1} 为断路器长延时过流脱扣器的整定电流，A；I_{n3} 为断路器瞬时过流脱扣器的整定电流，A；K_{k1} 为照明用低压断路器长延时可靠系数；K_{k3} 为照明用低压断路器瞬时过流脱扣器的可靠系数，这两个系数取决于光源启动性能和保护电器特性。照明用低压断路器长延时和瞬时过流脱扣器的可靠系数见表 3-9。

表 3-9 照明用低压断路器长延时和瞬时过流脱扣器的可靠系数

低压断路器种类	可靠系数	白炽灯、荧光灯、卤钨灯	高压汞灯	高压钠灯、金属卤化物灯
带热脱扣器	K_{K1}	1.0	1.1	1.0
带瞬时脱扣器	K_{K3}	4～7	4～7	4～7

3）校验

按短路电流校验其动作灵敏度，即

$$K_L^{(1)} \leq \frac{I_{dmin}^{(1)}}{I_d}$$

式中，$I_{dmin}^{(1)}$ 为被保护线路末端最小单相短路电流；I_d 为低压断路器脱扣器的瞬时整定电流；$K_L^{(1)}$ 为单相短路灵敏系数，DZ 型开关取 1.5，其他型开关取 2。

4）按短路电流校验其分断能力

对于分断时间大于 0.02s 的低压断路器，其极限分断电流（以交流电流周期分量有效

值表示）应大于或等于被保护线路的三相短路电流周期分量有效值。

对于分断时间小于 0.02 的低压断路器，其开断电流（冲击电流有效值应大于或等于短路开始第一周期内的全电流有效值。

2. 漏电保护装置选择

选择漏电保护装置的动作电流值时，应充分考虑到被保护线和设备可能发生的正常泄漏电流值，必要时可通过实际测量取得被保护线路或设备的泄漏电流值。漏电保护装置动作电流可按表 3-10 确定，三级漏电保护设置地点及动作时间可按表 3-11 确定。

表 3-10 漏电保护装置动作电流

类 别	动作电流/mA	类 别	动作电流/mA
手握式用电设备	15	家用电器回路及照明线路	≤30
医疗电气设备	6	成套开关柜，分配电盘等为 100mA 以上，用于总保护	200～500
建筑施工工地的用电设备	15～30		
环境恶劣或潮湿场所的用电设备（如高空作业、水下作业等处）	6～10	防止电气火灾	300

表 3-11 三级漏电保护设置地点及动作时间

方 案		Ⅰ	Ⅱ	Ⅲ	Ⅳ
进线	动作电流/mA	500～1000	—	200～1000	200～1000
	动作时间/s	1～2	—	0.2～2	0.2～2
干线	动作电流/mA	200～500	100～1000	30～200	—
	动作时间/s	0.2～0.5	0.2～2	0.2 以下	—
分支线	动作电流/mA	30～200	30～200	—	30～200
	动作时间/s	0.1 以下	0.1 以下	—	0.1 以下
设备外壳接地电阻/Ω		100～500	100～500	100～500	100～500
设备外壳接地电压/V		15～20	15～20	15～20	15～20
可靠性比较		可靠性高经济性较差	可靠性最高	可靠性最差	可靠性较差

3. 熔断器选择

【熔断器选择】

1）熔体的额定电流的选择

应保证在正常工作电流和启动尖峰电流下无误动作，并按故障电流校验其切断时间。

（1）按正常工作电流选择。熔体的额定电流，即

$$I_N \geqslant I_c$$

（2）按启动尖峰电流选择电流

$$I_N \geqslant K_m I_c$$

K_m 照明线路熔体选择计算系数，由光源启动状况和熔断器类型确定，照明线路熔体选择计算系数见表 3-12。

表 3-12 照明线路熔体选择计算系数

熔断器型号	熔体额定电流/A	K_m		
		白炽灯、荧光灯、卤钨灯	高压汞灯	高压钠灯、金属卤化物灯
RL7	≤63	1.0	1.1～1.5	1.2
RL6、NT00	≤63	1.0	1.3～1.7	1.5

2）熔断器的额定电流的选择

(1) 按熔体的额定电流及产品样本所列数据，确定熔断器的额定电流。熔断器的额定电流应大于或等于熔体的额定电流。

(2) 按短路电流校验熔断器的分断能力。I_{co}应大于被保护线路最大的预期短路电流I_{ch}，即$I_{co}>I_{ch}$，式中，I_{ch}为线路上冲击电流短路电流有效值。

4. 保护电器的级间配合

各级保护之间的配合应当保证保护装置动作的选择性，以尽可能地将故障限制在一定范围内。各级保护的配合可以采取以下措施：一是利用各级保护动作时间的差别，使各级保护设备能有选择性地分闸，切断故障电流；二是利用上下级保护设备整定动作电流的差别，使各级保护设备得以有选择性地分闸，切断故障电流。

(1) 熔断器与熔断器的级间配合。在配电系统中上、下级保护均采用熔断器方式时，在过载和短路电流较小的情况下，可按时间-电流特性不相交或按上、下级熔体的过电流选择比来选配。

例如电源侧熔体电流为160A，熔断器的熔体过电流选择比均为1.6：1，则负载侧熔体电流不大于100A，即能满足上下级选择性配合要求。

(2) 断路器与断路器的级间配合。当上、下级断路器出线端处的预期短路电流值有较大差别时（如上、下级均采用带瞬时脱扣器的断路器时），上级断路器的动作电流整定值应大于下级断路器出线端处最大预期短路电流，以获得选择性保护。

(3) 当连接导体阻抗低，上、下级断路器出线端处的预期短路电流值相差甚小时，则只有利用上级断路器带瞬时脱扣器使之延时动作来满足选择性要求。

(4) 断路器与熔断器的级间配合。过负荷时，当熔断器的电流未达到上级断路器的瞬时脱扣器整定电流时，只要熔断器的特性与长延时脱扣器的动作特性不相交，便满足选择性要求。

短路时，当断路器的预期短路电流达到或超过瞬时脱扣器整定电流值时，熔断器必须将短路电流限制到脱扣器动作电流值以下，才能满足选择性要求。为达到此要求，必须选用额定电流值比断路器额定电流要低得多的熔断器。如断路器带有短延时脱扣器，则对应与短延时脱扣器的电流整定值，脱扣器的延时时间至少要比熔断器的动作时间长。

(5) 熔断器与断路器的级间配合。

① 过负荷时，只要断路器长延时脱扣器的动作特性与熔断器的特性不相交，且对应断路器瞬时脱扣器电流整定值下具有一定的时间安全余量，便能满足选择性要求。

② 短路时，一般情况下，熔断器的电流时间特性对应与短路电流值的熔断时间，应比断路器瞬时脱扣器动作时间大1.0s以上。

练习题3.4

一、填空题

1. 照明配电线路应装设_____保护、过负载保护和_____故障保护,主要由_____和_____实现。
2. 照明配电设备主要有:_____、_____、_____等。
3. 照明配电箱一般采用封闭式箱结构,悬挂式或_____安装,箱中一般装有小型_____、_____、中性线(N)和保护线(PE)、汇流排等,配电箱选型重点是选择进、出断路器的_____值。
4. 插座按相数分为_____和_____插座;按安装方式分为_____、_____插座;按防护方式分为普通式和_____、防爆式插座。
5. 低压断路器的选用原则。
   (1) 断路器的额定电压 U_N≥电源和负载的_____。
   (2) 断路器的额定电流 I_N≥负载_____。
   (3) 断路器脱扣器额定电流 I_N≥负载_____。
   (4) 断路器极限通断能力 I_{cu}≥电路最大的_____。

二、简述题

1. 照明电气系统设计时应进行哪些低压电气设备的选择?
2. 低压断路器在选择时,除满足正常工作条件外,主要考虑哪些故障情况下的保护?分别如何实现?
3. 低压熔断器在设置时,如何实现上下级之间的配合?

项目 4 供配电工程设计

任务 4.1 高压配电系统设计

任务说明	通过对某 10kV 变电所相关数据的收集，进行高压供配电系统合理性分析
学习目标	具备一般高压供配电工程分析的能力
工作依据	教材、图纸、变电所实物、手册、规范
实施步骤	1. 分析工作电源与备用电源 2. 识读主接线图，并与实物形成对应关系，从而分析主接线的合理性 3. 抄录各开关、变压器等设备的型号及性能参数，并分析其合理性 4. 分析功率因数补偿方式、电能计量方式及其优缺点 5. 了解主要馈出线的供电范围、敷设方式、线缆型号等 6. 了解防雷接地措施 7. 了解继电保护方式 8. 了解变电所设备运行环境
任务成果	分析变电所高压配电系统的合理性的过程性资料

供配电系统设计应根据工程特点、规模和发展规划正确处理近期和远期发展的关系，做到远近期结合，以近期为主，适当考虑发展的可能，按照负荷的性质、用电容量、地区供电条件，合理确定设计方案。

4.1.1 高压配电系统

1. 电压选择

（1）用电单位的供电电压应从用电容量、用电设备特性、供电距离、供电线路的回路数、用电单位的远景规划、当地公共电网现状和它的发展规划以及经济合理等因素考虑决定。表4-1列出了我国3kV及以上交流三相系统的标称电压及电气设备的最高电压值,表4-2列出了各级电压线路的送电能力。

表4-1　3kV及以上交流三相系统的标称电压及电气设备的最高电压值

系统标称电压/kV	电气设备的最高电压/kV	系统标称电压/kV	电气设备的最高电压/kV
3	3.6	20	24
6	7.2	35	40
10	12		

表4-2　各级电压线路的送电能力

标称电压/kV	线路种类	送电容量/MW	供电距离/km	标称电压/kV	线路种类	送电容量/MW	供电距离/km
6	架空线	0.1~1.2	15~4	10	电缆	5	6以下
6	电缆	3	3以下	35	架空线	2~8	50~20
10	架空线	0.2~2	20~6	35	电缆	15	20以下

(2) 配电电压的高低取决于供电电压、用电设备的电压以及配电范围、负荷大小和分布情况等。供电电压为35kV及以上的用电单位的配电电压应采用10kV；如6kV用电设备（主要指高压电动机）的总容量较大，其配电电压选用6kV，在技术经济上合理时，则宜采用6kV。当企业有3kV电动机时，应配用10/3kV专用变压器，但不推荐以3kV作为配电电压。

(3) 如能减少配变电级数，简化接线，从而节约了电能和投资，提高了电能质量时，供电电压为35kV及以上的用电单位，配电电压宜采用35kV。

2. 接地方式选择

我国电力系统常用的接地方式有中性点有效接地系统、中性点非有效接地系统两大类。接地种类有中性点直接接地、中性点经消弧线圈（消弧电抗器）接地、中性点经电阻器接地、中性点不接地四种。其中，中性点经电阻器接地，按接地电流大小又分为高阻接地和低阻接地。

中性点接地方式的选择是一个涉及电力系统许多方面的综合性技术问题，对于电力系统设计与电力系统运行有着多方面的影响。在选择中性点接地方式时应该考虑的主要因素包括供电可靠性与故障范围、绝缘水平与绝缘配合、对电力系统继电保护的影响、对电力系统通信与信号系统的干扰、对电力系统稳定的影响。

系统接地要求如下。

(1) 3~10kV不直接连接发电机的系统和35kV系统，当单相接地故障电容电流不超过下列数值时，应采用不接地方式，当超过下列数值又需在接地故障条件下运行时，应采用消弧线圈接地方式。

① 3~10kV钢筋混凝土或金属杆塔的架空线路构成的系统和所有35kV系统，单相接地故障电容电流不超10A。

② 3～10kV 非钢筋混凝土或非金属杆塔的架空线路构成的系统：当电压为 3kV 和 6kV 时，单相接地故障电容电流不超过 30A；当电压为 10kV 时，单相接地故障电容电流不超过 20A；当电压为 3～10kV 电缆线路构成的系统，单相接地故障电容电流不超过 30A。

（2）6～35kV 主要由电缆线路构成的送、配电系统，单相接地故障电容电流较大时，可采用低电阻、中电阻接地方式，但应考虑供电可靠性要求、故障时瞬态电压、瞬态电流对电气设备的影响、对通信的影响和继电保护技术要求以及本地的运行经验等。

（3）6kV 和 10kV 配电系统以及发电厂厂用电系统，单相接地故障电容电流较小时，为防止谐振、间歇性电弧接地过电压等对设备的损害，可采用高电阻接地方式。

3. 配电方式选择

根据对供电可靠性的要求、变压器的容量及分布、地理环境等情况，高压配电系统宜采用放射式，也可采用树干式、环式及其组合方式。

（1）放射式。供电可靠性高，故障发生后影响范围较小，切换操作方便，保护简单，便于自动化，但配电线路和高压开关柜数量多而造价较高。

（2）树干式。配电线路和高压开关柜数量少且投资少，但故障影响范围较大，供电可靠性较差。

（3）环式。有闭路环式和开路环式两种，为简化保护，一般采用开路环式，其供电可靠性较高，运行比较灵活，但切换操作较繁。

10(6)kV 配电系统接线方式如图 4.1～图 4.8 所示。

1）单回路放射式

单回路放射式如图 4.1 所示。一般用于配电给二、三级负荷或专用设备，但对二级负荷供电时，尽量要有备用电源。如另有独立备用电源时，则可供电给一级负荷。

图 4.1 单回路放射式

2）双回路放射式

双回路放射式如图 4.2 所示。线路互为备用，用于配电给二级负荷。电源可靠时，可供电给一级负荷。

3）有公共备用干线的放射式

有公共备用干线的放射式如图 4.3 所示。一般用于配电给二级负荷。如公共（热）备用干线电源可靠时，亦可用于一级负荷。

图 4.2 双回路放射式

图 4.3 有公共备用干线的放射式

4) 单回路树干式

单回路树干式如图 4.4 所示。一般用于对三级负荷配电。每条线路装接的变压器不超过 5 台，一般不超过 2000kVA。

图 4.4 单回路树干式

5) 单侧供电双回路树干式

单侧供电双回路树干式如图 4.5 所示。供电可靠性稍低于双回路放射式，但投资较省，一般用于二、三级负荷。当供电电源可靠时，也可供电给一级负荷。

6) 双侧供电双回路树干式

双侧供电双回路树干式如图 4.6 所示。分别由两个电源供电，与单侧供电双回路双侧供电树干式相比，供电可靠性略有提高，主要用于二级负荷。当供电电源可靠时，也可供电给一级负荷。

图 4.5 单侧供电双回路树干式

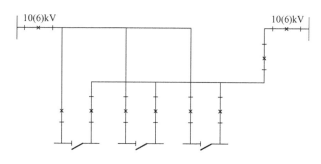

图 4.6 双侧供电双回路树干式

7) 单侧供电环式

单侧供电环式如图 4.7 所示。用于二、三级负荷配电,一般两回路电源同时工作开环运行,也可用一用一备闭环运行。供电可靠性较高。电力线路检修时可以对二级负荷配电,但保护装置和整定配合都比较复杂。

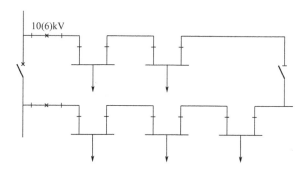

图 4.7 单侧供电环式

8) 双侧供电环式

双侧供电环式如图 4.8 所示。用于二、三级负荷配电,正常运行时一侧供电或在线路的负荷分界处断开。配电系统应加闭锁,避免并联,故障后手动切换,寻找故障时要中断供电。

图 4.8 双侧供电环式

4.1.2 变压器选择

1. 变压器结构与型号含义

【变压器】

变压器按调压方式可分为无载调压和有载调压两大类；按绕组绝缘及冷却方式可分为油浸式、干式和充气式（SF6）等，其中油浸式变压器又可分为油浸自冷式、油浸风冷式、油浸式。三相油浸式电力变压器如图 4.9 所示，环氧树脂浇注绝缘的三相干式变压器如图 4.10 所示。

图 4.9 三相油浸式电力变压器

1—信号温度计；2—铭牌；3—吸湿器；4—油枕（储油柜）；5—油位指示器；6—防爆管；
7—气体继电器；8—高压套管和接线端子；9—低压套管和接线端子；
10—分接开关；11—油箱及散热油管；12—铁心；13—绕组及绝缘；
14—放油阀；15—小车，16—接地端子

图 4.10 环氧树脂浇注绝缘的三相干式变压器

1—高压出线套管；2—吊环；3—上夹件；4—低压出线端子；5—铭牌；6—环氧树脂浇注绝缘绕组；
7—上下夹件拉杆；8—警示标牌；9—铁心；10—下夹件；11—底座；
12—高压绕组相间连接导杆；13—高压分接头连接片

电力变压器全型号的表示和含义如下：

例如，S9-500/10 表示三相油浸自冷式铜线电力变压器，额定容量 500kVA，高压额定电压为 10kV，设计序号是 9。

2. 变压器联结组别

6~10kV 电力变压器在其低压（400V）侧为三相四线制系统时，其联结组别有 Yyn0 和 Dyn11 两种。

国家标准规定：在 TN 及 TT 系统接地形式的低压电网中，宜选用 Dyn11 联结组别的三相变压器作为配电变压器。

变压器采用 Dyn11 联结较采用 Yyn0 联结有以下优点：

（1）更有利抑制高次谐波电流。

（2）更有利于低压单相接地短路故障的切除。

（3）Dyn11 联结变压器承受单相不平衡负荷的能力远比 Yyn0 联结变压器高得多。

3. 变压器类型的选型

多层或高层主体建筑内的变电所，宜选用不燃或难燃型变压器；在防火要求高的车间内的变电所也如此。在多尘或有腐蚀性气体严重影响变压器安全运行的场所，应选用防尘型或防腐蚀型变压器。

4.10　(6)kV 配电变压器台数和容量的选择

（1）变压器台数应根据负荷特点和经济运行进行选择，当符合下列条件之一时，宜装设两台及以上变压器。

① 有大量一级或二级负荷。

② 季节性负荷变化较大。

③ 集中负荷较大。

（2）装有两台及以上变压器的变电所，当其中任何一台变压器断开时，其余变压器的容量应满足一级负荷及二级负荷的用电，并宜满足工厂主要生产用电。

（3）变压器容量应根据计算负荷选择。对昼夜或季节性波动较大的负荷，供电变压器经技术经济比较，可采用容量不一致的变压器。

（4）在一般情况下，动力和照明宜共用变压器，属下列情况之一时，可设专用变压器。

① 照明负荷较大，或动力和照明共用变压器由于负荷变动引起的电压闪变或电压升高，严重影响照明质量及灯泡寿命时，可设照明专用变压器。

② 单台单相负荷很大时，可设单相变压器。

③ 冲击性负荷（试验设备、电焊机群及大型电焊设备等）较大，严重影响电能质量时，可设专用变压器。

④ 在 IT 系统的低压电网中，照明负荷应设专用变压器。

⑤ 当季节性的负荷容量较大时（如大型民用建筑中的空调冷冻机等负荷），可设专用变压器。

⑥ 在民用建筑中出于某些特殊设备的功能需要（如容量较大的 X 射线机等），宜设专用变压器。

（5）变压器调压方式的选择。一般情况下应采用无载手动调压的变压器。在电压偏差不能满足要求时，35kV 降压变电所的主变压器应采用有载调压变压器。10(6)kV 配电变压器不宜采用有载调压变压器，但在当地 10(6)kV 电源电压偏差不能满足要求，且用电单位有对电压要求严格的设备，单独设置调压装置在技术经济上不合理时，也可采用 10(6)kV 有载调压变压器。

（6）电力变压器并列运行的条件。两台或多台变压器并列运行时，必须满足以下基本条件。

① 并列运行变压器的额定一次电压及二次电压必须对应相等。

② 并列运行变压器的阻抗电压（即短路电压）必须相等。

③ 并列运行变压器的联接组别必须相同。

④ 并列运行变压器的容量比应小于3：1。

4.1.3 变配电所的电气主接线

1. 变电所的构成

变电所由一次回路和二次回路构成。

1）一次回路

供配电系统中承担输送和分配电能任务的电路，称一次回路，也称为主电路或主接（结）线。一次电路中所有的电气设备称为一次设备，如变压器、断路器、互感器等。

【变配电所】

一次设备按功能分类如下。

（1）变换设备：按电力系统的要求，改变电压或电流大小的设备，如变压器、电流互感器、电压互感器等。

（2）控制设备：用来控制一次电路通、断的设备，如高低压断路器、开关等。

（3）保护设备：用来对电力系统进行过电流和过电压等保护的设备，如熔断器、避雷器等。

（4）补偿设备：用来补偿电力系统中无功功率以提高功率因数的设备，如并联电容器等。

（5）成套设备：（装置）按一次电路接线方案的要求，将有关的一次设备及其相关的二次设备组合为一体的电气装置，如高低压开关柜、低压配电箱等。

2）二次回路

凡用来控制、指示、监测和保护一次设备运行的电路，叫二次回路，也叫二次接（结）线。二次回路中所有电气设备都称为二次设备或二次元件，如仪表、继电器、操作电源等。

2. 主接线一般设计要求

变电所的主接线是供电系统中用来传输和分配电能的路线，所构成的电路称为一次电路，又称为主电路或主接线。它由各种主要电气设备（变压器、隔离开关、负荷开关、断路器、熔断器、互感器、电容器等设备）按一定顺序连接而成。

主接线图只表示相对电气连接关系而不表示实际位置，通常用单线来表示三相系统。

（1）35kV变电所主接线设计应根据负荷容量大小、负荷性质、电源条件、变压器容量及台数、设备特点以及进出线回路数等综合分析来确定。主接线应力求简单、运行可靠、操作方便、设备少而便于维修，节约投资和便于扩建等要求。

（2）35kV采用室外配电装置，并有两回路电源线和两台变压器时，主接线可采用"桥形接线"。当电源线路较长时，应采用内桥接线，为了提高可靠性和灵活性，可增设带隔离开关的跨条。当电源线路较短，需经常切除变压器，或桥上有穿越功率时，应采用外桥接线。当35kV出线数为两回路以上或采用室内配电装置时，宜采用单母线或分段单母线接线。10(6)kV侧宜用分段单母线、单母线接线。

（3）10(6)kV配电所主接线宜采用单母线或分段单母线；当供电连续性要求较高，不允许停电检修断路器或母线时，可采用双母线接线。

（4）10(6)kV配电所专用电源线的进线开关宜采用断路器或带熔断器的负荷开关。当无继电保护和自动装置要求，且出线回路少、无须带负荷操作时，可采用隔离开关或隔离触头。

（5）在高压断路器的电源侧及可能反馈电能的一侧，必须装设高压隔离开关或隔离触头。

（6）向高压并联电容器组或频繁操作的高压用电设备供电的出线断路器兼做操作开关时，应采用具有高分断能力和频繁操作性能的断路器。

（7）10(6)kV母线的分段处，宜装设断路器，但符合下列情况时，可装设隔离开关或隔离触头组。

① 事故时手动切换电源能满足要求。

② 不需要带负荷操作。

③ 继电保护或自动装置无要求。

④ 出线回路较少。

（8）10(6)kV两配电所之间的联络线宜在供电可能性大的一侧配电所装设断路器，另一侧装隔离开关或负荷开关，如两侧供电可能性相同，宜在两侧均装设断路器。

（9）变电所、配电所每段高压母线上及架空线路末端必须装设避雷器。接在母线上的避雷器和电压互感器，宜合用一组隔离开关。架空进出线上的避雷器回路中，可不装设隔离开关。

（10）每段高压母线上应装设一组电压互感器。电压互感器应采用专用熔断器保护。

（11）由地区电网供电的变配电所电源进线处，宜装设供计费用的专用电压及电流互感器或专用电能计量柜。

（12）所用变压器宜采用高压熔断器保护。

3. 10(6)kV变配电所的主接线

（1）带高压室的变电所，电源引自用电单位总配变电所，避雷器可以装在室外进线处，如图4.11所示。

图4.11　带高压室的变电所接线，电源引自总变配电所

（2）带高压室的变电所，电源引自电力系统装设专用的计量柜。若电力部门同意时，进线断路器也可以不装，进线上的避雷器如安装在开关柜内时，则宜加隔离开关，如图4.12 所示。

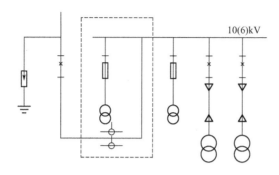

图 4.12　带高压室的变电所接线，电源引自专用计量柜

（3）电源引自电力系统，一路工作，一路备用。一般用于二级负荷配电。需要装设计量装置时，两回电源线路的专用计量柜均装设在电源线路的送电端。单母线接线如图4.13 所示。

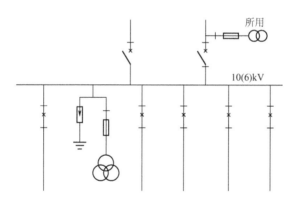

图 4.13　单母线接线

（4）分断单母线（隔离开关受电），适用于电源引自本企业的总配变电所，放射式接线，供二、三级负荷用电。分断单母线（隔离开关受电）接线如图4.14 所示。

图 4.14　分断单母线（隔离开关受电）接线

（5）分断单母线（断路器受电），适用两路工作电源，分段断路器自动投入或出线回路较多的配变电所，供一、二级负荷用电，所用变压器是否装设视情况而定，如图4.15所示。

图4.15 电源引自本企业总变电站的分断单母线（断路器受电）接线

（6）分断单母线（断路器受电），用于电源引自电力系统，需装设专用计量柜的配变电所，如图4.16所示。

图4.16 电源引自电力系统的分断单母线（断路器受电）接线

4.1.4 电力系统继电保护

1. 继电保护装置的任务

为保证供配电系统的安全运行，避免过负荷和短路引起的过电流对系统的影响，在供配电系统中要装有不同类型的过电流保护装置。常用的过电流保护装置有熔断器保护、低压断路器保护和继电保护。其中继电保护广泛应用于高压供配电系统中，其保护功能很多，是实现供配电自动化的基础。

继电保护装置是指能反映供配电系统中电气设备发生的故障或不正常工作状态，并能动作于断路器跳闸或启动信号装置发出预报信号的一种自动装置。

继电保护的主要任务如下。

（1）自动、迅速、有选择性地将故障元件从供配电系统切除，使其他非故障部分迅速恢复正常供电。

（2）能正确反映电气设备的不正常运行状态，发出预报信号，以便操作人员采取措施，恢复电气设备正常工作。

（3）与供配电系统的自动装置（如自动重合闸装置、备用电源自动投入装置等）配合，提高供电系统的运行可靠性。建筑供配电系统继电保护的特点是简单、有效、可靠，且有较强的抗干扰能力。

2. 对继电保护的基本要求

继电保护的设计应以合理的运行方式和可能的故障类型为依据，并应满足选择性、速动性、可靠性、灵敏性四项基本要求。

1）选择性

选择性是指首先由故障设备或线路本身的保护切除故障。当供电系统发生短路故障时，继电保护装置动作，只切除故障元件，并使停电范围最小，以减小故障停电造成的影响。保护装置这种能挑选故障元件的能力称为保护的选择性。

2）速动性

为了减小由于故障引起的损失，减少用户在故障时低电压下的工作时间，以及提高电力系统运行的稳定性，要求继电保护装置在发生故障时尽快动作并将故障切除。快速地切除故障部分可以防止故障扩大，减轻故障电流对电气设备的损坏程度，加快供电系统电压的恢复，提高供电系统运行的可靠性。由于既要满足选择性，又要满足速动性，所以建筑供电系统的继电保护允许带一定时限，以满足保护的选择性而牺牲一点速动性。对供电系统，允许延时切除故障的时间一般为 0.5~2.0s。

3）可靠性

可靠性是指保护装置应该动作时动作，不应该动作时不动作。为保证可靠性，宜选用尽可能简单的保护方式，采用可靠的元件和尽可能简单的回路构成性能良好的装置，并应有必要的检测、闭锁和双重化等措施。保护装置应便于整定、调试和运行维护。

4）灵敏性

灵敏性是指继电保护在其保护范围内对发生故障或不正常工作状态时的反应能力。过电流保护的灵敏度 S_P 用其保护区内在电力系统为最小运行方式时的最小短路电流 $I_{k,min}$ 与保护装置一次动作电流（即保护装置动作电流换算到一次电路的值 $I_{OP,1}$ 的比值来表示。

$$S_P = \frac{I_{k,min}}{I_{OP,1}}$$

对不同作用的保护装置和被保护设备，所要求的灵敏度是不同的。

另外，上述介绍的四项基本要求对于一个具体的保护装置不一定都是同等重要的，而应有所侧重。例如，电力变压器是供配电系统中最关键的设备，对其保护装置的灵敏度要求较高；而对一般电力线路的保护装置，就要求其选择性较高。

3. 继电保护基本原理

供配电系统发生故障时，会引起电流增大、电压降低、电压和电流间相位角改变等。因此，利用上述物理量故障时与正常时的差别，可构成各种不同工作原理的继电保护装置。继电保护的种类很多，但是其工作原理基本相同，它主要由测量、逻辑和执行三部分组成，继电保护原理结构方框图如图 4.17 所示。

（1）测量部分。用来测量被保护设备输入的有关信号（电流、电压等，并和已给定的整定值进行比较，判断是否应该起动。

（2）逻辑部分。根据测量部分各输出量的大小、性质及其组合或输出顺序，使保护装置按照一定的逻辑程序工作，并将信号传输给执行部分。

（3）执行部分。根据逻辑部分传输的信号，最后完成保护装置所负担的任务，给出跳闸或信号脉冲。

图 4.17　继电保护原理结构方框图

图 4.18 为线路过电流保护基本原理示意，用以说明继电保护的组成和基本原理。图中，电流继电器 KA 的线圈接于被保护线路电流互感器 TA 的二次回路，即保护的测量回路，它监视被保护线路的运行状态，测量线路中电流的大小。在正常运行情况下，当线路中通过最大负荷电流时，继电器不动作；当被保护线路 K 点发生短路时，线路上的电流突然增大，电流互感器 TA 二次侧的电流也按变比相应增大，当通过电流继电器 KA 的电流大于其整定值时，继电器立即动作，触点闭合，接通逻辑电路中时间继电器 KT 的线圈回路，时间继电器起动并根据短路故障持续的时间做出保护动作的逻辑判断，时间继电器 KT 动作，其延时触点闭合，接通执行回路中的信号继电器 KS 和断路器 QF 的跳闸线。

图 4.18　线路过电流保护基本原理示意

4. 常用继电器

【继电器】

35kV 及以下电力网中的电力线路和电气设备继电保护装置（包括供电系统），除了日渐推广的微机保护外，仍大量采用电磁型和感应型继电器。

1）电流继电器（KA）

电流继电器符号如图 4.19 和图 4.20 所示。

使过电流继电器动作的最小电流称为继电器的动作电流，用 $I_{op.KA}$ 表示；使继电器返回到起始位置的最大电流，称为继电器的返回电流，用 $I_{re.KA}$ 表示；继电器的返回电流与

动作电流之比称为返回系数 K_{re}，即

$$K_{re} = \frac{I_{re} \cdot KA}{I_{op} \cdot KA}$$

电磁式电流继电器的返回系数通常为 0.85。

图 4.19　电磁式电流继电器符号

图 4.20　感应式电流继电器符号

2）电压继电器（kV）

电磁式电压继电器结构与电磁式电流继电器基本相同，不同之处仅是电压继电器的线圈为电压线圈，匝数多，导线细，与电压互感器的二次绕组并联。电压继电器图形符号如图 4.21 所示。

图 4.21　电压继电器图形符号

电磁式电压继电器有过电压和欠电压继电器两种。过电压继电器的返回系数通常为 0.8，欠电压继电器的返回系数通常为 1.25。

3）时间继电器（KT）

时间继电器用于继电保护装置中，使继电保护获得需要的延时，以满足选择性要求。由电磁系统、传动系统、钟表机构、触头系统和时间调整系统等组成。通过改变主

静触头的位置，即改变主动触头的行程获得动作时限调整。时间继电器图形符号如图4.22所示。

图 4.22　时间继电器图形符号

（a）带延时闭合触头的时间继电器；（b）带延时断开触头的时间继电器

4）信号继电器（KS）

信号继电器在继电保护装置中用于发出指示信号，表示保护动作，同时接通信号回路，发出灯光或者音响信号。信号继电器图形符号如图4.23所示。

图 4.23　信号继电器图形符号

5）中间继电器（KM）

中间继电器在继电保护装置中用于弥补主继电器触头容量或触头数量的不足。中间继电器图形符号如图4.23所示。

图 4.24　中间继电器图形符号

练习题4.1

1. 我国6～10kV变电所电力变压器常用哪两种联结组？什么情况下采用Dyn11联结组？

2. 如何选择变电所变压器的台数、容量和绝缘结构？

3. 什么叫一次设备，如何分类？
4. 如何理解变电所主接线？
5. 继电保护的任务是什么？主要有哪些类型？

任务 4.2　低压配电系统设计

任务说明	多层住宅配电设计
学习目标	通过多层住宅的电气设计，熟悉多层住宅电气设计的内容、方法和步骤
工作依据	教材、图纸、手册、规范
实施步骤	1. 分析负荷等级和容量 2. 分析电源引入方式 3. 分析线路敷设方式、设备安装方式和计量方式等 4. 设计住户室内配电箱系统 5. 设计该住宅配电系统
任务成果	1. 设计计算书 2. 设计图纸（配电系统图）

4.2.1　低压配电系统设计原则

（1）低压配电系统应根据工程性质、规模、负荷容量等因素综合考虑。应满足生产和使用所需的供电可靠性和电能质量的要求，同时应注意接线简单，操作方便安全，具有一定灵活性，能适应生产和使用上的变化及设备检修的需要。

（2）自变压器二次侧至用电设备之间的低压配电级数不宜超过三级。

（3）在正常环境的车间或建筑物内，当大部分用电设备容量不很大，又无特殊要求时，宜采用树干式配电。

（4）设备容量大，或负荷性质重要，或在潮湿、腐蚀性环境的车间、建筑内，宜采用放射式配电。

（5）当一些容量很小的次要用电设备距供电点较远，而彼此相距很近时，可采用链式配电。但每一回路链接设备不宜超过 5 台、总容量不宜超过 10kW。当供电给小容量用电设备的插座时，每一回路的链接设备数量可适当增加。

（6）在高层建筑内，当向楼层各配电点供电时，宜用分区树干式配电，但部分较大容量的集中负荷或重要负荷，应从低压配电室以放射式配电。

（7）平行的生产流水线或互为备用的生产机组，根据生产要求，宜由不同的母线或线路配电。同一生产流水线的各用电设备，宜由同一母线或线路配电。

(8) 单相用电设备的配置应力求三相平衡。在 TN 系统及 π 系统的低压电网中，如选 Yyn0 接线组别的三相变压器，其由单相负荷三相不平衡引起的中性线电流不得超过 Yyn0 接线的变压器低压绕组额定电流的 25%，且任一相的电流不得超过额定电流值。

(9) 冲击负荷和用量较大的电焊设备，宜与其他用电设备分开，用单独线路或变压器供电。

(10) 配电系统的设计应便于运行、维修，生产班组或工段比较固定时，一个大厂房可分车间或工段配电，多层厂房宜分层设置配电箱，每个生产小组可考虑设单独的电源开关。实验室的每套房间宜有单独的电源开关。

(11) 在用电单位内部的邻近变电所之间宜设置低压联络线。

(12) 由建筑物外引来的配电线路应在屋内靠近进线点、便于操作维护的地方装隔离电器。

(13) 由树干式系统供电的配电箱，其进线开关宜选用带保护的开关，由放射式系统供电的配电箱进线可以用隔离开关。

4.2.2 常用低压配电系统接线

1. 放射式

放射式如图 4.25 所示。配电线故障互不影响，供电可靠性较高，配电设备集中，检修比较方便，但系统灵活性较差，有色金属消耗较多，一般在下列情况下采用。

(1) 容量大、负荷集中或重要的用电设备。

(2) 需要集中连锁起动、停车的设备。

(3) 有腐蚀性介质或爆炸危险等环境中。

图 4.25 放射式

2. 树干式

树干式如图 4.26 所示。配电设备及有色金属消耗较少，系统灵活性好，但干线故障时影响范围大。一般用于用电设备的布置比较均匀、容量不大，又无特殊要求的场合。

3. 变压器干线式

变压器干线式如图 4.27 所示。除了具有树干式系统的优点外，接线更简单，能大量减少低压配电设备。为了提高母干线的供电可靠性，应适当减少接出的分支回路数，一般不超过 10 个。频繁起动、容量较大的冲击负荷，以及对电压质量要求严格的用电设备，不宜用此方式供电。

图 4.26 树干式

图 4.27 变压器干线式

4. 备用柴油发电机组

备用柴油发电机组如图 4.28 所示。10kV 专用架空线路为主电源，快速自起动型柴油发电机组作为备用电源。用于附近只能提供一个电源，若得到第二个电源需要大量投资时，经技术经济比较，可采用此方式供电。需注意以下几点。

（1）与外网电源间应设机械与电气连锁，不得并网运行。

（2）避免与外网电源的计费混淆。

（3）在接线上要具有一定的灵活性，以满足在正常停电（或限电）情况下能供给部分重要负荷用电。

图 4.28 备用柴油发电机组

5. 链式

链式如图 4.29 所示。特点与树干式相似，适用于距配电屏较远而彼此相距又较近的不重要的小容量用电设备。链接的设备一般不超过 5 台、总容量不超过 10kW。供电给容量较小用电设备的插座，采用链式配电时，每一条环链回路的数量可适当增加。

图 4.29 链式

4.2.3 应急电源设计

1. 应急照明种类

（1）独立于正常电源的发电机组：包括应急燃气轮机发电机组、应急柴油发电机组。快速自起动的发电机组适用于允许中断供电时间为 15s 以上的供电。

（2）UPS 不间断电源。适用于允许中断供电时间为毫秒级的负荷。

（3）EPS 应急电源。一种把蓄电池的直流电能逆变成交流电能的应急电源。适用于允许中断供电时间 0.25s 以上的负荷。

（4）有自动投入装置的有效地独立于正常电源的专用馈电线路。适用于允许中断供电时间 1.5s 或 0.6s 以上的负荷。

（5）蓄电池。适用于容量不大的特别重要负荷，有可能采用直流电源者。

2. 应急照明电源系统

（1）工程设计中，对于其他专业提出的特别重要负荷，应仔细研究，并尽可能减少特别重要负荷的负荷量，但需要双重保安措施者除外。

（2）为确保对特别重要负荷的供电，严禁将其他负荷接入应急供电系统。

（3）应急电源与正常电源之间必须采取可靠措施防止其并列运行。目的在保证应急电源的专用性，更重要的是防止向系统反送电。

（4）防灾或类似的重要用电设备的两回电源线路应在最末一级配电箱处自动切换。大型企业及重要的民用建筑中往往同时使用几种应急电源，应使各种应急电源设备密切配合，充分发挥作用。应急电源系统接线示例（以蓄电池、不间断供电装置、柴油发电机同时使用为例）如图 4.30 所示。

3. 柴油发电机组

【柴油发电机】

柴油发电机组具有热效率高、起动迅速、结构紧凑、燃料存储方便、占地面积小、工程量小、维护操作简单等特点，是在工程建筑中作为备用电源或应急电源首选的设备。柴油发电机组主要由柴油机、发电机和控制屏三部分组成。

容量选择如下。

（1）应急电源一般只设一台机组，其容量按应急负荷大小和起动大的电动机容量等因素综合考虑确定。

图 4.30　应急电源系统接线示例

(2) 在方案或初步设计阶段，按下述方法估算并选择其中容量最大者。

① 按建筑面积估算。建筑面在 10000m² 以上的大型建筑按 15~20W/m²，建筑面积在 10000m² 及以下的中小型建筑按 10~15W/m²。

② 按配电变压器容量估算。占配电变压器容量的 10%~20%。

③ 按电动机起动容量估算。当允许发电机端电压瞬时压降为 20% 时，发电机组直接起动异步电动机的能力为每 1kW 电动机功率，需要 5kW 柴油发电机组功率。若电动机降压起动或软起动，由于起动电流减小，柴油发电机容量也按相应比例减小。按电动机功率估算后，然后进行归整，即按柴油发电机组的标定系列估算容量。

(3) 在施工图阶段可根据一级负荷、消防负荷以及某些重要的二级负荷容量，按下述方法计算并选择其中容量最大者。

① 按稳定负荷计算发电机容量

$$S_{G1}=\frac{P_\Sigma}{\eta_\Sigma \cos\varphi}$$

式中，S_{G1} 为按稳定负荷计算的发电机视在功率，kVA；P_Σ 为发电机总负荷计算功率，kW；η_Σ 为所带负荷的综合效率，一般取 0.82~0.88；$\cos\varphi$ 为发电机额定功率因数，一般取 0.8。

② 按尖峰负荷计算发电机容量

$$S_{G2}=\frac{K_j}{K_G}S_m=\frac{K_j}{K_G}\sqrt{P_m^2+Q_m^2}$$

式中，S_{G2} 为按尖峰负荷计算的发电机视在功率，kVA；K_j 为因尖峰负荷造成电压、频率降低而导致电动机功率下降的系数，一般取 0.9~0.95；K_G 为发电机允许短时过载系数，一般取 1.4~1.6；S_m 最大的单台电动机或成组电动机的启动容量，kVA；P_m 为 S_m 的有功功率，kW；Q_m 为 S_m 的无功功率，kvar。

③ 按发电机母线允许压降计算发电机容量

$$S_{G3} = \frac{1-\Delta U}{\Delta U} X'_d S_{at\Delta}$$

式中，S_{G3} 为按母线允许压降计算的发电机视在功率，kVA；ΔU 为发电机母线允许电压降，一般取 0.2；X'_d 为发电机瞬态电抗，一般取 0.2；$S_{at\Delta}$ 为导致发电机最大电压降的电动机的最大启动容量，kVA。

4. 不间断电源 UPS

【UPS】

（1）不间断电源 UPS 工作原理。UPS 一般由整流器、蓄电池、逆变器、静态开关和控制系统组成。通常采用的是在线式 UPS。它首先将市电输入的交流电源变成稳压直流电源，供给蓄电池和逆变器，再经逆变器重新被变成稳定的、纯洁的、高质量的交流电源。它可完全消除在输入电源中可能出现的任何电源问题（电压波动、频率波动、谐波失真和各种干扰）。UPS 工作原理框图如图 4.31 所示。

图 4.31 UPS 工作原理框图

（2）不间断电源 UPS 设备输出功率，应按下列条件选择。

① 不间断电源设备给电子计算机供电时，单台 UPS 的输出功率应大于电子计算机各设备额定功率总和的 1.5 倍。对其他用电设备供电时，为最大计算负荷的 1.3 倍。

② 负荷的最大冲击电流不应大于不间断电源设备的额定电流的 150%。

（3）UPS 应急、供电时间，应按下列条件选择。

① 为保证用电设备按照操作顺序进行停机，其蓄电池的额定放电时间可按停机所需最长时间来确定，一般可取 8～15min。

② 当有备用电源时，为保证用电设备供电连续性，其蓄电池额定放电时间按等待备用电源投入考虑，一般可取 10～30min。设有应急发电机时，UPS 应急供电时间可以短一些。

③ 如有特殊要求，其蓄电池额定放电时间应根据负荷特性来确定。

5. 应急电源 EPS

【EPS】

1）应急电源 EPS 工作原理

EPS 应急电源由充电器、逆变器、蓄电池、隔离变压器，切换开关、监控器和显示、保护等装置及机箱组成。应急电源 EPS 一般分为不可变频应急电源和可变频应急电源。不可变频应急电源 EPS 工作原理如图 4.32 所示。

2）应急电源 EPS 切换时间和供电时间

应急电源 EPS 的应急供电切换时间为 0.1～0.25s，应急供电时间一般为 60min、90min、120min 三种规格，还可以根据用户需要选择更长的。

图 4.32 不可变频应急电源 EPS 工作原理

3) 应急电源 EPS 容量选择

选用 EPS 的容量必须同时满足以下条件。

(1) 负载中最大的单台直接启动的电机容量，只占 EPS 容量的 1 月以下。
(2) EPS 容量应是所供负载中同时工作容量总和的 1.1 倍以上。
(3) 直接启动风机、水泵时，EPS 的容量应为同时工作的风机、水泵容量的 5 倍以上。
(4) 若风机、水泵为变频启动，则 EPS 的容量为同时工作的电机总容量的 1.1 倍。
(5) 若风机、水泵采用星—三角降压启动，则 EPS 的容量应为同时工作的电机总容量的 3 倍以上。

练习题 4.2

1. 简述低压配电系统设计原则。
2. 常用的电压配电接线方式有哪些？各有什么特点？
3. 应急电源有哪些种类？分别适用于什么场合？
4. 试简述柴油发电机容量如何选择。

任务 4.3　负荷计算

任务说明	完成某 10/0.4kV 变配电工程负荷计算
学习目标	初步具备一般配电工程负荷计算的能力
工作依据	教材、配电工程主接线、手册、规范
实施步骤	1. 根据上个学习单元所得主接线确定计算步骤 2. 查得进户线计算负荷 3. 计算变压器损耗 4. 计算无功补偿 5. 确定变压器高压侧计算负荷 6. 列出配电工程负荷计算表　　【工程负荷计算表】
任务成果	变配电工程负荷计算表

4.3.1 负荷计算概念

1. 用电设备工作制

用电设备种类很多,它们的用途和工作的特点也不相同,按其工作制不同可划分为三类。

1) 长期工作制

此类用电设备连续工作的时间比较长(至少在半小时以上),超过其稳定温升的时间,如各类泵、通风机、压缩机、机械化运输设备、电阻炉、照明设备等。

2) 短时工作制

此类用电设备工作的时间短而停歇时间很长,导体还未达到其稳定温升就开始冷却,在停歇时间内足以将温度降至通电前的温度,如机床上的某些辅助电动机、水闸用电动机等。

3) 断续周期工作制

此类用电设备工作时间短,停歇时间也短,以断续方式反复交替进行工作,其周期一般不超过10min。最常见的设备为电焊机和吊车电动机。通常用暂载率(又称负荷持续率)来描述其工作性质。

暂载率是一个周期内工作时间占工作周期的百分比,用 ε 表示。

$$\varepsilon = t/T \times 100\% = t/(t+t_0) \times 100\%$$

2. 计算负荷的概念

【计算负荷】

在供电系统设计过程中必须找出这些用电设备的等效负荷。

所谓等效,是指这些用电设备在实际运行中所产生的最大热效应与等效负荷产生的热效应相等,产生的最大温升与等效负荷产生的最高温升相等。按照等效负荷,从满足发热的条件来选择用电设备,用以计算的负荷功率或负荷电流称为"计算负荷"。

在设计计算中,通常将"半小时最大负荷"作为计算负荷,用 P_c (Q_c、S_c 或 I_c) 表示。这是因为,中小截面(35mm² 以下)多数导体发热并达到稳定温升所需时间约为30min,只有持续30min 上的平均最大负荷值才有可能产生导体的最高温升,而时间很短的尖峰电流不能使导线达到最高温度,因为导线的温度还未升高到相应负荷的温度之前尖峰电流早已消失。计算负荷与稳定在半小时以上的最大负荷是基本相当的,所以计算负荷就可以认为是"半小时最大负荷",用 P_{30} 来表示有功计算负荷,用 Q_{30} 表示无功计算负荷,用 S_{30} 表示视在计算负荷,用 I_{30} 表示计算电流。因为年最大负荷 P_{max}、Q_{max}、S_{max} 是以最大负荷工作班 30min 平均最大负荷绘制的,所以计算负荷、年最大负荷、30min 平均最大负荷三者之间的关系为

$$\left. \begin{array}{l} P_c = P_{30} = P_{max} \\ Q_c = Q_{30} = Q_{max} \\ S_c = S_{30} = S_{max} \end{array} \right\}$$

3. 负荷曲线的概念

负荷曲线是表征用电负荷随时间变动的一种图形，它绘制在直角坐标系中，纵坐标表示用电负荷，横坐标表示对应于负荷变动的时间。

按负荷性质，负荷曲线可分为有功负荷曲线（纵坐标表示有功负荷值，单位为 kW）和无功负荷曲线（纵坐标表示无功负荷值，单位为 kvar 两种）。

按负荷变动的时间，负荷曲线可分为日负荷曲线（图 4.33）和年负荷曲线（图 4.34）。日负荷曲线表示了一昼夜（24h）内负荷变动的情况，而年负荷曲线表示了一年（8760h）中负荷变动的情况。负荷曲线可以表示某一台设备的负荷变动的情况，也可以表示一个单位的负荷变动的情况。

图 4.33 日负荷曲线

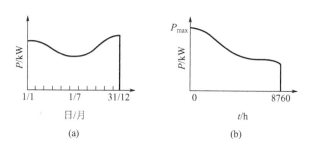

图 4.34 年负荷曲线

(a) 日最大负荷全年时间变动曲线；(b) 电力负荷全年持续时间曲线

年负荷曲线有如下两种。

(1) 表示一年中每日最大负荷变动情形的负荷曲线，称为日最大负荷全年时间变动曲线，或称年每日最大负荷曲线，如图 4.34（a）所示，它根据日负荷曲线间接绘制，以全年 12 个月份为横坐标。

(2) 另一种表示工厂全年负荷变动与负荷持续时间关系的曲线，称为电力负荷全年持续时间曲线，或称年负荷持续时间曲线，简称年负荷曲线，如图 4.34（b）所示。从这种年负荷曲线能明显看出一个企业在一年内不同负荷值所持续的时间，但不能看出相应的负荷出现在一年内的哪一个时间段。

4.3.2 三相负荷计算

计算负荷的确定是供电设计中很重要的一环,计算负荷确定的是否合理直接影响到电气设备选择的合理性、经济性。计算负荷过大将使电气设备选得过大,造成投资和有色金属的浪费;而计算负荷过小,则电气设备运行时电能损耗增加,并产生过热,使其绝缘层过早老化,甚至烧毁,造成经济损失。因此,在供电设计中,应根据不同的情况选择正确的计算方法来确定计算负荷。

需要系数法应用最广泛,它适用于不同类型的各种企业,计算结果也基本符合实际。工业用电设备的需要系数和功率因数见表 4-3。

表 4-3 工业用电设备的需要系数和功率因数

用电设备组名称	K_d	$\cos\varphi$	$\tan\varphi$
单独传动的金属加工机床			
小批生产的金属冷加工机床	0.12~0.16	0.50	1.73
大批生产的金属冷加工机床	0.17~0.20	0.50	1.73
小批生产的金属热加工机床	0.20~0.25	0.55~0.60	1.51~1.33
大批生产的金属热加工机床	0.25~0.28	0.65	1.17
锻锤、压床、剪床及其他锻工机械	0.25	0.60	1.33
木工机械	0.20~0.30	0.50~0.60	1.73~1.33
液压机	0.30	0.60	1.33
生产用通风机	0.75~0.85	0.80~0.85	0.75~0.62
卫生用通内机	0.65~0.70	0.80	0.75
泵、活塞型压缩机、空调设备送风机、电动发电机组	0.75~0.85	0.80	0.75
冷冻机组	0.85~0.90	0.80~0.90	0.75~0.48

【三相负荷计算(一)】

【三相负荷计算(二)】

1. 计算过程

按需要系数法进行供配电系统中各点电力负荷的计算基本过程如下。

(1) 如图 4.35 所示,先确定计算范围(如某低压干线上的所有设备)。

(2) 然后将不同工作制下的用电设备的额定功率 P_N 换算到同一工作制下,经换算后的额定功率也称为设备容量 P_e。

(3) 再将工艺性质相同的并有相近需要系数的用电设备合并成组,考虑到需要系数 K_d,算出每一组用电设备的计算负荷 P_c。

(4) 最后汇总各级计算负荷得到总的计算负荷。

2. 单台用电设备的设备功率

由前述可知,进行负荷计算时,应首先确定设备容量 P_e。确定各种用电设备容量 P_e 的方法如下。

(1) 长期工作制、短期工作制的设备容量 P_e 等于其铭牌功率 P_N。

(2) 断续周期工作制,如起重机用的电动机有功功率 P_N 应该统一换算到暂载率 $\varepsilon_N = 25\%$ 时的有功功率。对于电焊机,则应统一换算到暂载率 $\varepsilon_N = 100\%$ 时的有功功率。

具体换算如下。

对吊车电动机

$$P_e = \sqrt{\frac{\varepsilon_N}{\varepsilon_{25}}} P_N = 2\sqrt{\varepsilon_N} P_N$$

对电焊机

$$P_e = \sqrt{\frac{\varepsilon_N}{\varepsilon_{100}}} S_N \cos\varphi = \sqrt{\varepsilon_N} S_N \cos\varphi$$

（3）照明设备的设备容量。白炽灯、卤钨灯设备容量就是灯泡上标出的额定功率；荧光灯考虑镇流器的功耗，其设备容量应为灯泡额定功率的 1.2～1.3 倍；高压汞灯考虑镇流器的功耗，其设备容量应为灯泡额定功率的 1.1 倍；自镇式高压汞灯设备容量与灯泡额定功率相等；高压钠灯考虑镇流器的功耗，其设备容量应为灯泡额定功率的 1.1 倍；金属卤化物灯考虑镇流器的功耗，其设备容量应为灯泡额定功率的 1.1 倍。

图 4.35　供配电系统中各点电力负荷的计算

3. 用电设备组的设备功率

用电设备组的设备功率是指不包括备用设备在内的所有单个用电设备的设备功率之和。

4. 变电所或建筑物的总设备功率

变电所或建筑物的总设备功率应取所供电的各用电设备组设备功率之和，但应剔除不同时使用的负荷，例如：

（1）消防设备容量一般可不计入总设备容量。

（2）季节性用电设备（如制冷设备和采暖设备）应择其最大者计入总设备容量。

5. 计算负荷的确定

（1）单台设备的计算负荷

$$\left.\begin{array}{l} P_{30} = P_e/\eta = P_N/\eta \\ Q_{30} = P_{30}\tan\varphi \\ S_{30} = \dfrac{P_{30}}{\cos\varphi} \\ I_{30} = \dfrac{P_{30}}{\sqrt{3}U_N\cos\varphi} \end{array}\right\}$$

（2）单组用电设备的计算负荷。单组用电设备组是指用电设备性质相同的一组设备，即 K_d 相同，如图 4.35 中 D 点的计算负荷。

其计算公式为

$$\left.\begin{array}{l} P_{30} = K_d P_{e\Sigma} \\ Q_{30} = P_{30}\tan\varphi \\ S_{30} = \sqrt{P_{30}^2 + Q_{30}^2} \\ I_{30} = \dfrac{S_{30}}{\sqrt{3}U_N} = \dfrac{P_{30}}{\sqrt{3}U_N\cos\varphi} \end{array}\right\}$$

【例 4.1】 已知某化工厂机修车间采用 380V 供电，低压干线上接有冷加工机床 26 台，其中 11kW1 台，4.5kW8 台，2.8kW10 台，1.7kW7 台，试求该机床组的计算负荷。

【解】 该设备组的总容量为

$$\sum P_e = 11 \times 1 + 4.5 \times 8 + 2.8 \times 10 + 1.7 \times 7 = 86.9 \text{(kW)}$$

查表 $K_d = 0.16 \sim 0.2$（取 0.2），$\tan\varphi = 1.73$，$\cos\varphi = 0.5$，则

有功计算负荷　　　　$P_{30} = 0.2 \times 86.9 = 17.38 \text{(kW)}$

无功计算负荷　　　　$Q_{30} = 17.38 \times 1.73 = 30.06 \text{(kVar)}$

视在计算负荷　　　　$S_{30} = 17.38/0.5 = 34.76 \text{(kVA)}$

计算电流　　　　　　$I_{30} = 34.76/(3 \times 0.38) = 52.8 \text{(A)}$

（3）低压干线的计算负荷。

低压干线是给多组不同工作制的用电设备供电的，如通风机组、机床组、水泵组等，因此，其计算负荷也就是图 4.35 中 C 点的计算负荷。应先分别计算出 D 层面每组（例如机床组、通风机组等）的计算负荷，然后将每组有功计算负荷、无功计算负荷分别相加，乘以同时系数，得到 C 点的总的有功计算负荷 P_{30} 和无功计算负荷 Q_{30}，最后确定视在计算负荷 S_{30} 和计算电流 I_{30}，即

$$\left. \begin{array}{l} P_{30} = K_{\Sigma 1} \sum_{i=1}^{n} P_{30(i)} \\ Q_{30} = K_{\Sigma 1} \sum_{i=1}^{n} Q_{30(i)} \\ S_{30} = \sqrt{P_{30}^2 + Q_{30}^2} \\ I_{30} = \dfrac{S_{30}}{\sqrt{3} U_N} \end{array} \right\}$$

【例 4.2】 某机修车间 380V 低压干线接有如下设备：

（1）小批量生产冷加工机床电动机：7kW3 台，4.5kW8 台，2.8kW17 台，1.7kW10 台。

（2）吊车电动机：$\varepsilon_N = 15\%$ 时铭牌容量为 18kW、$\cos\varphi = 0.7$ 共 2 台，互为备用。

（3）专用通风机：2.8kW2 台。

试用需要系数法求各用电设备组和低压干线（C 点）的计算负荷。

【解】 显然，各组用电设备工作性质相同，需要系数相同，因此先求出各用电设备组的计算负荷。

① 冷加工机床组。

设备容量 $P_{e(1)} = 7 \times 3 + 4.5 \times 8 + 2.8 \times 17 + 1.7 \times 10 = 121.6 \text{(kW)}$

查表，取 $K_d = 0.2$，$\cos\varphi = 0.5$，$\tan\varphi = 1.73$，则

$$P_{30(1)} = K_d P_{e(1)} = 0.2 \times 121.6 = 24.32 \text{(kW)}$$

$$Q_{30(1)} = P_{30(1)} \tan\varphi = 24.32 \times 1.73 = 42.07 \text{(kVar)}$$

② 吊车组（备用容量不计入）。

设备容量 $P_{e(2)} = 2\sqrt{\varepsilon_N} \times P_N = 2 \times \sqrt{0.15} \times 18 = 13.94 \text{(kW)}$

查表，取 $K_d = 0.15$，$\cos\varphi = 0.5$，$\tan\varphi = 1.73$，则

$$P_{30(2)} = K_d P_{e(2)} = 0.15 \times 13.94 = 2.09 \text{(kW)}$$
$$Q_{30(2)} = P_{30(2)} \tan\varphi = 2.09 \times 1.73 = 3.62 \text{(kVar)}$$

③ 通风机组。

设备容量 $P_e(3) = 2 \times 2.8 = 5.6 \text{(kW)}$

查表，取 $K_d = 0.8$，$\cos\varphi = 0.8$，$\tan\varphi = 0.75$，则

$$P_{30(3)} = K_d P_{e(3)} = 0.8 \times 5.6 = 4.48 \text{(kW)}$$
$$Q_{30(3)} = P_{30(3)} \tan\varphi = 4.48 \times 0.75 = 3.36 \text{(kVar)}$$

④ 低压干线的计算负荷（取 $K_{\Sigma 1} = 0.9$）。

总有功功率

$$\begin{aligned}P_{30} &= K_{\Sigma 1}[P_{30(1)} + P_{30(2)} + P_{30(3)}] \\&= 0.9 \times (24.32 + 2.09 + 4.48) \\&= 27.80 \text{(kW)}\end{aligned}$$

（4）低压母线的计算负荷。

确定低压母线上的计算负荷也就是确定图 4.35 中 B 点的计算负荷。B 点计算负荷的确类似于 C 点。同样，考虑到各低压干线最大负荷不一定同时出现，因此在确定 B 点的计算负荷时，也引入一个同时系数，即

$$\left.\begin{aligned}P_{30} &= K_{\Sigma 2} \sum_{i=1}^{n} P_{30(i)} \\Q_{30} &= K_{\Sigma 2} \sum_{i=1}^{n} Q_{30(i)} \\S_{30} &= \sqrt{P_{30}^2 + Q_{30}^2} \\I_{30} &= \frac{S_{30}}{\sqrt{3} U_N}\end{aligned}\right\}$$

4.3.3 单相负荷计算

1. 仅存在单相负荷时

在用电设备中，除了广泛应用三相设备（如三相交流电机），还有不少单相用电设备（如照明、电焊机、单相电炉等）。这些单相用电设备有的接在相电压上，有的接在线电压上，通常将这些单相设备容量换算成三相设备容量，以确定其计算负荷。

【单相负荷计算】

工程上，单相负荷应尽可能均衡地分配在三相线路上，此时三相等效的设备功率为最大相的设备功率的 3 倍。

【例 4.3】 现有 9 台 220V 单相电阻炉，其中 4 台 1kW，3 台 1.5kW，2 台 2kW。试合理分配上述各电阻炉于 220/380V 的 TN-C 线路上，并求计算负荷 P_c、Q_c、S_c 和 I_c 的值。

【解】 负荷在各相分配。A 相：4 台 1kW，共 4kW；B 相：3 台 1.5kW，共 4.5kW；C 相：2 台 2kW，共 4kW。

(1) 各相的设备功率

$$P_{eA}=4kW \qquad P_{eB}=4.5kW \qquad P_{eC}=4kW$$

(2) 等效的三相设备功率

$$P_{e(eq)}=3P_{e(max)}=3\times 4.5=13.5kW$$

(3) 计算负荷。查表知电阻炉设备组的 $K_d=0.65$，$\cos\varphi=0.8$，$\tan\varphi=0.75$，则

$$P_C=K_d P_{e(eq)}=0.65\times 13.5=8.37(kW)$$

$$Q_C=P_C \cdot \tan\varphi=8.37\times 0.75=6.28(kvar)$$

$$S_C=\sqrt{P_C^2+Q_C^2}=\sqrt{8.37^2+6.28^2}=10.46(kvar)$$

$$I_C=\frac{S_C}{\sqrt{3}U_N}=\frac{10.46\times 10^3}{\sqrt{3}\times 380}=15.89(A)$$

2. 仅存在单相线间负荷时

(1) 若仅存在单台设备时，$P_{e(eq)}=\sqrt{3}P_e$。

(2) 若存在多台设备，要首先尽可能均匀地将这些设备分配到 AB、BC 和 CA 线间，求出各线间负荷的总设备功率 $P_{e(AB)}$、$P_{e(BC)}$、$P_{e(CA)}$。

设 $P_{e(AB)}>P_{e(BC)}>P_{e(CA)}$

则 $P_{e(eq)}=\sqrt{3}P_{e(AB)}+(3-\sqrt{3})P_{e(BC)}$

3. 既存在单相相负荷，又存在单相线间负荷时

(1) 将接于线电压的单相设备换算为接于相电压的设备容量

$$P_U=P_{UV}p_{(UV)U}+P_{WU}p_{(WU)U}$$
$$Q_U=P_{UV}q_{(UV)U}+P_{WU}q_{(WU)U}$$
$$P_V=P_{UV}p_{(UV)V}+P_{VW}p_{(VW)V}$$
$$Q_V=P_{UV}q_{(UV)V}+P_{VW}q_{(VW)V}$$
$$P_W=P_{VW}p_{(VW)W}+P_{WU}p_{(WU)W}$$
$$Q_W=P_{VW}q_{(VW)W}+P_{WU}q_{(WU)W}$$

表4-4 线间负荷换算为相负荷的有功、无功换算系数

换算系数	负荷功率因数								
	0.35	0.40	0.50	0.60	0.65	0.70	0.80	0.90	1.00
$p_{(UV)U}$、$p_{(VW)V}$、$p_{(WU)W}$	1.27	1.17	1.00	0.89	0.84	0.80	0.72	0.64	0.50
$p_{(UV)V}$、$p_{(VW)W}$、$p_{(WU)U}$	−0.27	−1.07	0	0.11	0.16	0.20	0.28	0.36	0.50
$q_{(UV)U}$、$q_{(VW)V}$、$q_{(WU)W}$	1.05	0.86	0.58	0.38	0.30	0.22	0.09	−0.05	−0.29
$q_{(UV)V}$、$q_{(VW)W}$、$q_{(WU)U}$	1.63	1.44	1.16	0.96	0.88	0.80	0.67	0.53	0.29

(2) 利用需要系数法分别求出 220V 单相负荷在 A、B、C 三相中的有功、无功计算负荷，以及 380V 单相负荷折算成 220V 单相负荷后在 A、B、C 三相中的等效有功、无功计算负荷，并把求出的各相中的计算负荷对应相加，从而得到各相总的有功、无功计算负荷。

（3）总的等效三相有功、无功计算负荷分别为最大有功、无功负荷相的有功、无功计算负荷的 3 倍。这里必须指出，最大有功负荷相和最大无功负荷相不一定在同一相内。

4.3.4 尖峰电流的确定

在电气设备运行中，由于电动机的启动、电压波动等诸方面的因素会出现短时间的比计算电流大几倍的电流，这种电流称为尖峰电流，其持续时间一般为 1~2s。电动机启动电流一般是其额定电流的 4~7 倍，一旦启动完成，电动机立即恢复到正常的额定电流。尖峰电流是选择熔断器、整定自动空气开关、整定继电保护装置以及计算电压波动时的重要依据。

（1）单台设备尖峰电流的计算。对于只接单台电动机或电焊机的支线，其尖峰电流就是其启动电流，即 $I_{pk}=I_{st}=K_{st}I_N$。

（2）多台设备尖峰电流的计算。对接有多台电动机的配电线路，其尖峰电流为 $I_{pk}=I_{30}+(I_{st}-I_N)_{max}$。

4.3.5 电网损耗计算及无功功率补偿

为了合理选择变电所各种主要电气设备的规格型号，以及向供电部门提出用电容量申请，必须确定总的计算负荷 S_{30} 和 I_{30}。在前述的内容中，已经用需要系数法确定了低压干线的计算负荷，但要确定总的计算负荷，还要考虑线路和变压器的功率损耗。

1. 供电系统的功率损耗

1）线路功率损耗的计算

供电线路的三相有功功率损耗和三相无功功率损耗分别为

$$\Delta P_{WL}=3I_{30}^2 R_{WL}\times 10^{-3}(kW)$$
$$\Delta Q_{WL}=3I_{30}^2 X_{WL}\times 10^{-3}(kvar)$$
$$R_{WL}=R_0 l$$
$$X_{WL}=X_0 l$$

式中，I_{30} 为线路的计算电流，A；R_{WL} 为线路的每相电阻，Ω；l 为线路长度；R_0 为线路单位长度的电阻，可查有关手册，Ω；X_{WL} 为线路的每相电抗，Ω；X_0 为线路单位长度的电抗值，可查有关手册，Ω。

2）电力变压器的功率损耗

在工程设计中，变压器的有功损耗和无功损耗可以按下式估算。

对普通变压器 $\Delta P_T\approx 0.02S_{30}$
         $\Delta Q_T\approx 0.08S_{30}$
对低损耗变压器 $\Delta P_T\approx 0.015S_{30}$
         $\Delta Q_T\approx 0.06S_{30}$

2. 无功功率的补偿

功率因数 $\cos\varphi$ 值的大小反映了用电设备在消耗了一定数量有功功率的同时向供电系统取用无功功率的多少，功率因数高（如 $\cos\varphi=0.9$）则取用的无功功率小，功率因数低（如 $\cos\varphi=0.5$）则取用的无功功率大。

功率因数过低对供电系统是很不利的,它使供电设备(如变压器、输电线路等)电能损耗增加,供电电网的电压损失加大,同时也降低了供电设备的供电能力。

依据最大负荷 P_{max}(即计算负荷 P_{30})所确定的功率因数,称为最大负荷时的功率因数,即 $\cos\varphi=P_{30}/S_{30}$。

提高功率因数通常有两个途径:优先采用提高自然功率因数,即提高电动机、变压器等设备的负荷率,或是降低用电设备消耗的无功功率。但自然功率因数的提高往往有限,一般还需采用人工补偿装置来提高功率因数。无功补偿装置可选择同步电动机或并联电容器等。

练习题4.3

1. 某车间有一台吊车,其额定功率 P_N 为 29.7kW($\varepsilon_N=45\%$),$\eta=0.8$,$\cos\varphi=0.5$,其设备容量为多少?

2. 某220V单相电焊变压器,其额定容量为 $S_N=50$ kVA,$\varepsilon_N=60\%$,$\cos\varphi=0.65$,$\eta=0.93$,试求该电焊变压器的计算负荷。

3. 已知一大批生产的冷加工机床组,拥有电压380V的三相交流电动机7kW的3台,4.5kW的8台,2.8kW的17台,1.7kW的10台,试求其计算负荷。

4. 220/380V 的配电线路上接有三台380V单相对焊机,其中接于A相和B相之间的额定功率为20kW,接于B相和C相间的额定功率为18kW,接于C相和A相之间的额定功率为30kW,三台设备的 ε_N 均为100%,试确定配电线路的计算负荷。

5. 如图4.36所示220/380V三相四线制线路上,接有220V单相电热干燥箱4台,其中2台10kW接于A相,1台30kW接于B相,1台20kW接于C相。另有380V单相对焊机4台,其中2台14kW($\varepsilon=100\%$)接于AB相间,1台20kW($\varepsilon=100\%$)接于BC相间,1台30kW($\varepsilon=60\%$)接于CA相间,试求此线路的计算负荷。

图 4.36 220/380V 三相四线制线路

6. 有一条35kV高压线路给某工厂变电所供电。已知该线路长度为12km,采用钢芯铝线LGJ-70,导线的几何均距为2.5m,变电所的总视在计算负荷 $S_{30}=4917$ kVA。试计算此高压线路的有功功率损耗和无功功率损耗。

7. 已知某车间变电所选用变压器的型号为S9-1000/10,电压10/0.4kV,其技术数据如下:空载损耗 $\Delta P_0=1.7$ kW,短路损耗 $\Delta P_K=10.3$ kW,短路电压百分值 $U_K\%=$

4.5，空载电流百分值 $I_0\% = 0.7$，该车间的 $S_{30} = 800\text{kVA}$。试计算该变压器的有功损耗和无功损耗。

任务 4.4 短路电流计算

任务说明	完成某 10/0.4kV 变配电工程短路电流计算
学习目标	具备一般供电工程负荷计算的能力
工作依据	初步具备一般配电工程短路电流计算的能力
实施步骤	1. 以配电工程主接线为根据绘出短路的计算电路图，并根据短路计算目的确定短路计算点 2. 确定基准值，取 $S_d = 100\text{MVA}$，$U_d = U_c$，并求出所有短路计算点电压下的 I_d 3. 计算短路电路中所有主要元件的电抗标幺值 4. 绘出短路电路的等效电路图，也用分子标元件序号，分母标元件的电抗标幺值，并在等效电路图上标出所有短路计算点 5. 针对各短路计算点分别化简电路，并求其总电抗标幺值，然后按有关公式计算其所有短路电流和短路容量
任务成果	列出某 10/0.4kV 配电工程短路电流计算表

4.4.1 概述

在工业和民用建筑中，正常的生产经营、办公等活动以及人们的正常生活都要求供电系保证持续、安全、可靠地运行。但由于各种原因，系统会经常出现故障，使正常运行状态遭到破坏，其中短路是系统常见的严重故障。

1. 短路的原因和危害

所谓短路，就是系统中各种类型不正常的相与相之间或相与地之间的短接。系统发生短路的原因主要包括设备原因、自然原因和人为原因。

短路的危害包括：短路电流的热效应、短路电流的电动力效应、短路时系统电压下降、不对称短路的磁效应和短路时的停电事故。

2. 短路的类型

在三相系统中，可能发生的短路类型有三相短路、两相短路、两相接地短路和单相短路，如图 4.37 所示。

（1）三相短路是对称短路，用 $k^{(3)}$ 表示，如图 4.37(a) 所示。因为短路回路的三相阻抗相等，所以三相短路电流和电压仍然是对称的，只是电流比正常值增大，电压比额定值降低。三相短路发生的概率最小，只有 5% 左右，但它却是危害最严重的短路形式。

图 4.37 短路的类型

(a) 三相短路；(b) 两相短路；(c) 两不同相单相接地短路；(d) 两相接地短路；(e)、(f) 单相短路

(2) 两相短路是不对称短路，用 $k^{(2)}$ 表示，如图 4.37(b) 所示。两相短路的发生概率为 10%～15%。

(3) 两相接地短路也是一种不对称短路，用 $k^{(1.1)}$ 表示，如图 4.37(c)、(d) 所示。它是指中性点不接地系统中两个不同的相均发生单相接地而形成的两相短路，亦指两相短路后又接地的情况。两相接地短路发生的概率为 10%～20%。

(4) 单相短路用 $k^{(1)}$ 表示，如图 4.37(e)、(f) 所示，也是一种不对称短路。它的危害虽不如其他短路形式严重，但在中性点直接接地系统中发生的概率最高，占短路故障的 65%～70%。

3. 短路计算的目的

(1) 电气主接线比选。短路电流计算可为不同方案进行技术经济比较，并为确定是否采取限制短路电流措施等提供依据。

(2) 选择导体和电器。如选择断路器、隔离开关、熔断器、互感器、母线、绝缘子、电缆、架空线等。其中包括计算三相短路冲击电流、冲击电流有效值以校验电气设备电动力稳定度，计算三相短路电流稳态有效值用以校验电气设备及载流导体的热稳定性，计算三相短路容量以校验断路器的遮断能力等。

(3) 确定中性点接地方式。对于 35kV、10kV 供配电系统，根据单相短路电流可确定

中性点接地方式。

(4) 验算接地装置的跨步电压和接触电压。

(5) 选择继电保护装置和整定计算。在考虑正确、合理地装设保护装置和校验保护装置灵敏度时，不仅要计算短路故障支路内的三相短路电流值，还需知道其他支路短路电流分布情况；不仅要算出最大运行方式下电路可能出现的最大短路电流值，还应计算最小运行方式下可能出现的最小短路电流值；不仅要计算三相短路电流，而且也要计算两相短路电流，或根据需要计算单相接地电流等。

4. 三相短路过程分析

当短路突然发生时，系统原来的稳定工作状态遭到破坏，需要经过一个暂态过程才能进入短路稳定状态。供电系统中的电流在短路发生时也要增大，经过暂态过程达到新的稳定值。短路电流变化的这一暂态过程不仅与系统参数有关，而且与系统的电源容量有

【短路过程及有关参数】

关。为了便于分析问题，假设系统电源电势在短路过程中近似地看作不变，因而便引出了无限大容量电源系统的概念。

所谓无限大容量系统，是指当电力系统的电源距短路点的电气距离较远时，由短路而引起的电源输出功率的变化远小于电源的容量，所以可认为电源的容量为无穷大，在短路过程中无限大容量电源系统的频率是恒定的，在短路过程中无限大容量电源系统的端电压是恒定的。

实际上，真正的无限大容量电源系统是不存在的。然而对于容量相对于用户供电系统容量大得多的电力系统，当用户供电系统的负荷变动甚至发生短路时，电力系统变电所馈电母线上的电压能基本维持不变。如果电力系统的电源总阻抗不超过短路电路总阻抗的5%～10%，或当电力系统容量超过用户供电系统容量50倍时，可将电力系统视为无限大容量系统。图 4.38(a) 是一个电源为无限大容量的供电系统发生三相短路时的电路图，由于三相对称，因此这个三相短路电路可用一个等效单相电路图，即图 4.38 (b) 来分析。

图 4.38 无限大容量系统发生短路时的三相电路图和等效单相电路图
(a) 电路图；(b) 等效单相电路图

系统正常运行时，电路中电流取决于电源和电路中所有元件包括负荷在内的总阻抗。当发生三相短路时，图 4.39 (a) 所示的电路将被分成两个独立的回路，一个仍与电源相连接，另一个则成为没有电源的短接回路。在这个没有电源的短接回路中，电流将从短路发生瞬间的初始值按指数规律衰减到零。在衰减过程中，回路磁场中所储藏的能量将全部转化成热能。与电源相连的回路由于负荷阻抗和部分线路阻抗被短路，所以电路中的电流要突然增大。但是，由于电路中存在着电感，根据楞次定律，电流又不能突变，因而引起一个过渡过程，即短路暂态过程，最后达到一个新的稳定状态。

图 4.39 无限大容量电源系统发生三相短路前后的电压与电流曲线

图 4.39 表示了无限大容量电源系统发生三相短路前后的电压与电流曲线，从图中可以看出，与无限大容量电源系统相连电路的电流在暂态过程中包含两个分量，即周期分量和非周期分量。周期分量属于强制电流，它的大小取决于电源电压和短路回路的阻抗，其幅值在暂态过程中保持不变；非周期分量属于自由电流，是为了使电感回路中的磁链和电流不突变而产生的一个感生电流，它的值在短路瞬间最大，接着便以一定的时间常数按指数规律衰减，直到衰减为零。此时暂态过程即告结束，系统进入短路的稳定状态。

1) 短路电流周期分量

短路瞬间（$t=0$ 时刻）i_p 突然增大到幅值，即 $i_{p(0)} = I''_m = \sqrt{2} I''$。

由于母线电压不变，其短路电流周期分量的幅值和有效值在短路全过程中维持不变。

2) 短路电流非周期分量

由于电路中存在着电感，在短路发生时电感要产生一个与 $i_{p(0)}$ 方向相反的感生电流，以维持短路瞬间（$t=0$ 时刻）电路中的电流和磁链不突变。这个反向电流就是短路电流非周期分量 i_{np}，它的初始绝对值为

$$i_{np(0)} = |i_0 - I''_m| \approx I''_m = \sqrt{2} I''$$

3) 短路全电流

任一瞬间的短路全电流 i_k 为其周期分量 i_p 和非周期分量 i_{np} 之和，即

$$i_k = i_p + i_{np}$$

在无限大容量电源系统中，短路电流周期分量的幅值和有效值是始终不变的，习惯上将周期分量的有效值写作 I_k，即 $I_p = I_k$。

4) 短路冲击电流

从图 4.39 可以看出，短路后经过半个周期（0.01s）短路电流瞬时值达到最大值，这一瞬时电流称为短路冲击电流 i_{sh}。在高压电路中发生三相短路时，一般可取 $K_{sh} = 1.8$，所以有

$$i_{sh} = 2.55 I''$$
$$I_{sh} = 1.51 I''$$

在 1000kVA 及以下的电力变压器二次侧及低压电路中发生三相短路时，一般可取 $K_{sh}=1.3$，所以有

$$i_{sh}=1.84I''$$
$$I_{sh}=1.09I''$$

5）短路稳态电流

短路电流非周期分量一般经过 0.2s 就衰减完毕，短路电流达到稳定状态，这时的短路电流称为短路稳态电流 I_∞。

在无限大容量系统中，短路电流周期分量有效值在短路全过程中始终是恒定的，所以有 $I''=I_\infty=I_k=I_p$。

4.4.2 三相短路计算

1. 短路计算的方法

供配电系统某处发生短路时，要算出短路电流值，必须首先计算出短路点到电源的回路总阻抗值。电路元件电气参数的计算有两种方法：标幺制法和有名值法。

1）标幺制法

标幺制是一种相对单位制，标幺值是一个无单位的量，为任一参数对其基准值的比值。标幺制法就是将电路元件各参数均用标幺值表示。在短路电流计算中通常涉及四个基准量，即基准电压 U_d、基准电流 I_d、基准视在功率 S_d 和基准阻抗 Z_d。

在高压系统中，由于回路电抗一般远大于电阻，为了方便，在工程上一般可忽略电阻，直接用电抗代替各元件的阻抗，这样 $Z_d \approx X_d$。由于电力系统有多个电压等级的网络组成，采用标幺制法可以省去不同电压等级间电气参量的折算。在高压系统中宜采用标幺制法进行短路电流计算。

短路计算中有关物理量一般采用以下单位：电流为"kA"（千安）；电压为"kV"（千伏）；短路容量和断流容量为"MVA"（兆伏安）；设备容量为"kW"（千瓦）或"kVA"（千伏安）。

2）有名值法

有名值法就是以实际有名单位给出电路元件参数，这种方法通常用于 1kV 以下低压供配电系统短路电流的计算。

2. 标幺制法的计算方法

标幺制法是相对欧姆法来说的，因其短路计算中的有关物理量是采用标幺值而得名。任一物理量的标幺值是它的实际值与所选定的基准值的比值，它是一个相对量，没有单位。标幺值用上标 * 表示，基准值用下标 d 表示，即

【标幺制法】

$$A_d^* = \frac{A}{A_d}$$

按标幺制法进行短路计算时，一般是先进行基准值的选取。

1）基准容量 S_d

S_d 基准容量在工程设计中通常取 100MVA。

2) 基准电压 U_d

基准电压 U_d 取元件所在处的短路计算电压，即 $U_d = U_c$。

基准电压取各级的额定平均电压。根据线路一般允许有10%的电压损失，当线路末端电压维持在额定电压 U_N 时，线路首端电压为 $1.1 U_N$，所以各电压等级线路的平均电压为 $1.05 U_N$。根据我国电网的电压等级，常用基准值表见表4-5。

表4-5 常用基准值（$S_j = 100 \text{MVA}$）

系统标称电压 U_n/kV	0.38	3	6	10	35	110
基准电压 $U_j = U_{av}^{①}$/kV	0.40	3.15	6.30	10.50	37	115
基准电流 I_j/kV	144.30	18.30	9.16	5.50	1.56	0.50

① $U_j = U_{av} = 1.05 U_n$，但对于 0.38kV，则 $U_j = cU_n = 1.05 \times 0.38 = 0.4 \text{kV}$。

采用标幺值计算短路电路的总阻抗时，必须先将元件阻抗的有名值和相对值按同一基准容量换算为标幺值，而基准电压采用各元件所在级的平均电压。

3) 基准电流和基准电抗

基准电流和基准电抗按下式计算

$$I_d = \frac{S_d}{\sqrt{3} U_d}$$

$$X_d = \frac{U_d}{\sqrt{3} I_d} = \frac{U_d^2}{S_d}$$

4) 电抗标幺值计算

(1) 电力系统电抗标幺值

$$X_s^* = \frac{S_d}{S_{oc}}$$

(2) 电力变压器电抗标幺值

$$X_T^* = \frac{U_k\%}{100} \cdot \frac{S_d}{S_N}$$

(3) 电力线路电抗标幺值

$$X_{WL}^* = \frac{X_0 l S_d}{U_c^2}$$

(4) 电抗器电抗标幺值

$$X_R^* = \frac{X_R\%}{100} \frac{U_N}{I_N} \cdot \frac{S_d}{\sqrt{3} U_c^2}$$

短路电路中各主要元件的电抗标幺值求出以后，即可利用其等效电路图进行电路化简，计算其总电抗标幺值。由于各元件电抗均采用标幺值（即相对值），与短路计算点的电压无关，因此无须进行电压换算。

5) 计算公式

在无限大容量系统中，三相短路电流周期分量有效值的标幺值可按下式计算

$$I_k^{(3)*} = \frac{I_k^{(3)}}{I_d} = \frac{U_c}{\sqrt{3} X_\Sigma I_d} = \frac{X_d}{X_\Sigma} = \frac{1}{X_\Sigma^*}$$

由此可求得三相短路电流周期分量有效值及三相短路容量的计算公式

$$S_k^{(3)} = \sqrt{3} U_c I_k^{(3)} = \frac{\sqrt{3} U_c I_d}{X_\Sigma^*} = \frac{S_d}{X_\Sigma^*}$$

$$I_k^{(3)} = I_k^{(3)*} I_d = \frac{I_d}{X_\Sigma^*}$$

再利用公式求出其他短路电流。

3. 标幺值短路计算步骤

（1）绘出短路的计算电路图，并根据短路计算目的确定短路计算点。

（2）确定基准值，取 $S_d = 100\text{MVA}$，$U_d = U_c$（有几个电压级就取几个 U_d），并求出所有短路计算点电压下的 I_d；基准电压取各级的额定平均电压。根据线路一般允许有 10% 的电压损失，当线路末端电压维持在额定电压 U_n 时，线路首端电压为 $1.1U_n$，所以各电压等级线路的平均电压为 $1.05U_n$。

（3）计算短路电路中所有主要元件的电抗标幺值。

（4）绘出短路电路的等效电路图，也用分子标元件序号，分母标元件的电抗标幺值，并在等效电路图上标出所有短路计算点。

（5）针对各短路计算点分别化简电路，并求其总电抗标幺值，然后按有关公式计算其所有短路电流和短路容量。

【例 4.4】 供电系统如图 4.40 所示。已知电力系统出口断路器的断流容量为 500MVA，试用标幺制法求用户配电所 10kV 母线 k-1 点短路和车间变电所低压 380V 母线 k-2 点短路的三相短路电流和短路容量。

【短路计算举例】

图 4.40 供电系统

【解】

（1）确定基准值。取 $S_d = 100\text{MVA}$，$U_{c1} = 10.5\text{kV}$，$U_{c2} = 0.4\text{kV}$，于是

$$I_{d1} = \frac{S_{d1}}{\sqrt{3} U_{c1}} = \frac{100}{\sqrt{3} \times 10.5} = 5.50 \text{（kA）}$$

$$I_{d2} = \frac{S_{d2}}{\sqrt{3} U_{c2}} = \frac{100}{\sqrt{3} \times 0.4} = 144 \text{（kA）}$$

（2）绘出等效电路图如图 4.41 所示，并求各元件电抗标幺值。

图 4.41 例 4.4 的等效电路图

电力系统电抗标幺值为

$$X_s^* = \frac{100}{S_{oc}} = \frac{100}{500} = 0.2$$

架空线路电抗标幺值为

$$X_{WL1}^* = X_0 l_1 \frac{S_d}{U_c^2} = 0.38 \times 5 \times \frac{100}{10.5^2} = 1.72$$

电缆线路电抗标幺值为

$$X_{WL2}^* = X_0 l_2 \frac{S_d}{U_c^2} = 0.08 \times 0.5 \times \frac{100}{10.5^2} = 0.036$$

变压器电抗标幺值

$$X_T^* = \frac{U_k\% S_d}{100 S_N} = \frac{4.5 \times 100 \times 10^3}{100 \times 1000} = 4.5$$

(3) 计算短路电流和短路容量。k-1 点短路时总电抗标幺值为

$$X_{\Sigma1}^* = X_s^* + X_{WL1}^* = 0.2 + 1.72 = 1.92$$

k-1 点短路时的三相短路电流和三相短路容量

$$I_{k-1}^{(3)} = \frac{I_{d1}}{X_{\Sigma1}^*} = \frac{5.5}{1.92} = 2.86 (\text{kA})$$

$$I''^{(3)} = I_\infty^{(3)} = I_{k-1}^{(3)} = 2.86 (\text{kA})$$

$$i_{sh}^{(3)} = 2.55 I''^{(3)} = 2.55 \times 2.86 = 7.29 (\text{kA})$$

$$S_{k-1}^{(3)} = \frac{S_d}{X_{\Sigma1}^*} = \frac{100}{1.92} = 52.0 (\text{MVA})$$

k-2 点短路时总电抗标幺值为

$$X_{\Sigma2}^* = X_s^* + X_{WL1}^* + X_{WL2}^* + X_T^* = 0.2 + 1.72 + 0.036 + 4.5 = 6.456$$

k-2 点短路时的三相短路电流和三相短路容量

$$I_{k-2}^{(3)} = \frac{I_{d2}}{X_{\Sigma2}^*} = \frac{144}{6.456} = 22.3 (\text{kA})$$

$$I''^{(3)} = I_\infty^{(3)} = I_{k-2}^{(3)} = 22.3 (\text{kA})$$

$$i_{sh}^{(3)} = 1.84 I''^{(3)} = 1.84 \times 22.3 = 41.0 (\text{kA})$$

$$S_{k-2}^{(3)} = \frac{S_d}{X_{\Sigma2}^*} = \frac{100}{6.456} = 15.5 (\text{MVA})$$

短路计算表见表 4-6。

表 4-6 短路计算表

短路计算点	三相短路电流/kA				三相短路容量/MVA
	$I_k^{(3)}$	$I_\infty^{(3)}$	$I_{sh}^{(3)}$	$I_{sh}^{(3)}$	$S_k^{(3)}$
k-1 点	2.86	2.86	7.29	4.32	52.0
k-2 点	22.3	22.3	41.0	24.3	15.5

4.4.3 两相及单相短路电流计算

1. 无限大容量系统两相短路计算

在无限大容量系统中发生两相短路时,两相短路电流可由下式求得

$$I_k^{(2)} = \frac{U_c}{2|Z_\Sigma|}$$

如果只计电抗,则短路电流为

$$I_k^{(2)} = \frac{U_c}{2Z_\Sigma} = \frac{\sqrt{3}}{2} \times \frac{U_c}{\sqrt{3} X_\Sigma}$$

则两相短路电流可做如下计算

$$I_k^{(2)} = \sqrt{3}/2 I_k^{(3)} = 0.866 I_k^{(3)}$$

上式说明,无限大容量系统中同一地点的两相短路电流为三相短路电流的 0.866 倍,因此,无限大容量系统中的两相短路电流可由三相短路电流求出,其他两相短路电流均可按前面三相短路的对应短路电流公式计算。

2. 无限大容量系统单相短路计算

在大电流接地系统或三相四线制系统中发生单相短路时,根据对称分量法可知单相短路电流为

$$I_k^{(1)} = \frac{\sqrt{3}\dot{U}_c}{Z_{1\Sigma} + Z_{2\Sigma} + Z_{0\Sigma}}$$

式中,$Z_{1\Sigma}$,$Z_{2\Sigma}$,$Z_{0\Sigma}$ 分别为单相回路的正序、负序和零序总阻抗。

在工程设计中,经常用来计算低压配电系统单相短路电流的公式为

$$\begin{cases} I_k^{(1)} = \dfrac{U_\phi}{|Z_{\phi-N}|} \\ I_k^{(1)} = \dfrac{U_\phi}{|Z_{\phi-PE}|} \\ I_k^{(1)} = \dfrac{U_\phi}{|Z_{\phi-PEN}|} \end{cases}$$

式中,U_ϕ 为线路的相电压;$Z_{\phi-N}$ 为相线与 N 线短路回路的阻抗;$Z_{\phi-PE}$ 为相线与 PE 线短路回路的阻抗 $Z_{\phi-PEN}$ 为相线与 PEN 线短路回路的阻抗。

在无限大容量系统中,两相短路电流和单相短路电流均比三相短路电流小,电气设备的选择与校验应采用三相短路电流,相间短路保护及灵敏度校验应采用两相短路电流,单相短路电流主要用于单相短路保护的整定热稳定度的校验。

4.4.4 电动机对短路电流的影响

当短路点附近接有大容量电动机时,应把电动机作为附加电源考虑,电动机会向短路点反馈短路电流。短路时,电动机受到迅速制动,反馈电流衰减得非常快,因此该反馈电流仅影响短路冲击电流,而且仅当单台电动机或电动机组容量大于 100kW 时才考虑其影响。

大容量交流电机对短路点反馈冲击电流如图 4.42 所示。

图 4.42　大容量交流电机对短路点反馈冲击电流

由电动机提供的短路冲击电流可按下式计算

$$i_{sh \cdot M} = C K_{sh \cdot M} I_{N \cdot M}$$

式中，C 为电动机反馈冲击倍数（感应电动机取 6.5，同步电动机取 7.8，同步补偿机取 10.6，综合性负荷取 3.2）；$K_{sh \cdot M}$ 为电动机短路电流冲击系数（对高压电动机可取 1.4～1.7，对低压电动机可取 1）；$I_{N \cdot M}$ 为电动机额定电流。

计入电动机反馈冲击的影响后，短路点总短路冲击电流为

$$i_{sh\Sigma} = i_{sh} + i_{sh,M}$$

4.4.5　短路电流的效应和稳定度校验

通过短路计算可知，供电系统发生短路时短路电流是相当大的，如此大的短路电流通过电器和导体一方面要产生很高的温度（即热效应），另一方面要产生很大的电动力（即电动效应），这两类短路效应对电器和导体的安全运行威胁很大。

1. 短路电流的热效应

发生短路故障时，巨大的短路电流通过导体，能在极短时间内将导体加热到很高的温度，造成电气设备的损坏。由于短路后线路的保护装置很快动作，将故障线路切除，所以短路电流通过导体的时间很短（一般不会超过 2～3s），其热量来不及向周围介质中散发，因此可以认为全部热量都用来升高导体的温度了。

一般采用短路稳态电流来等效计算实际短路电流所产生的热量。由于通过导体的实际短路电流并不是短路稳态电流，因此需要假定一个时间，在此时间内，假定导体通过短路稳态电流时所产生的热量恰好与实际短路电流在实际短路时间内所产生的热量相等。这一假想时间称为短路发热的假想时间，用 t_{ima} 表示，如图 4.43 所示。

图 4.43　短路发热的假想时间

短路发热假想时间可用下式近似计算

$$t_{ima} = t_k + 0.05$$

当 $t_k > 1s$ 时，可以认为 $t_{ima} = t_k$。

短路时间 t_k 为短路保护装置实际最长的动作时间 t_{op} 与断路器的断路时间 t_{oc} 之和，即 $t_k = t_{oc} + t_{op}$。

对于一般高压油断路器，可取 $t_{oc} = 0.2s$；对于高速断路器，可取 $t_{oc} = 0.1 \sim 0.15s$。

实际短路电流通过导体在短路时间内产生的热量等效为 $Q_k = I_\infty^2 R t_{ima}$。

2. 短路热稳定度的校验

（1）对于一般电器

$$I_t^2 t \geqslant I_\infty^{(3)2} t_{ima}$$

式中，I_t 为电器的热稳定试验电流（有效值），可从产品样本中查得；t 为电器的热稳定试验时间，可从产品样本中查得。

（2）对于母线及绝缘导线和电缆等导体

$$S \geqslant S_{min} = \frac{I_\infty^{(3)}}{C} \sqrt{t_{ima}}$$

式中，S_{min} 为母线、电缆所需的最小截面面积，mm^2；Q_t 为短路电流的热效应，$kA^2 \cdot s$；C 为热稳定系数。

导体或电缆长期允许工作温度和短路时的允许最高温度及相应的热稳定系数 C 值，查表 4-7。

表 4-7 导体或电缆长期允许工作温度和短路时的允许最高温度及相应的热稳定系数

导体种类和材料	导体长期允许工作温度/℃	短路时导体允许最高温度/℃	C
母线			
铜	70	300	171
铝	70	200	87
6～10～35kV 交联聚乙烯绝缘电缆			
铜芯	90（注1）	250	137
铝芯	90（注1）	250	90
铝芯	90（注1）	200（注2）	77
20～35kV 交联聚乙烯绝缘电缆			
铜芯	80（注1）	250	142
铝芯	80（注1）	250	93
铝芯	80（注1）	200（注2）	81

注 1. 根据国家标准 GB 12706.3—1991《额定电压 35kV 及以下铜芯、铝芯塑料绝缘电力电缆》第三部分第 3.1 条的规定，交联聚乙烯绝缘电力电缆导体的最高额定温度为 90℃；国家标准 GB 50217—1994《电力工程电缆设计规范》附录 A 中规定，额定电压大于 10kV 的交联聚乙烯绝缘电力电缆，额定负荷时最高允许温度为 80℃。
2. 对发电厂、变电所以及大型联合企业等重要回路的铝芯电缆，短路最高允许温度为 200℃。
3. 含有锡焊中间接头的电缆，短路允许最高温度为 160℃。

【例 4.5】 已知某车间变电所 380V 侧采用 80×10mm 铝母线，其三相短路稳态电流 36.5kA，短路保护动作时间为 0.5s，低压断路器的断路时间为 0.05s，试校验此母线的热稳定度。

【解】 查表得 $C=87$

因为

$$t_{ima}=t_k+0.05=t_{oc}+t_{op}+0.05=0.05+0.5+0.05=0.6(s)$$

所以

$$S_{min}=\frac{I_\infty^{(3)}}{C}\sqrt{t_{ima}}=\frac{36500}{87}\times\sqrt{0.6}=325(mm^2)$$

由于母线的实际截面面积 $S=800mm^2$，大于 $S_{min}=325mm^2$，因此该母线满足短路热稳定的要求。

3. 短路电流的力效应

电流通过载流导体时，导体相互之间会产生电动力的作用。在一般情况下，载流导体流过的是正常工作电流，电动力并不大。但供电系统短路时，短路电流特别是短路冲击电流将使相邻导体之间产生很大的电动力，有可能使电器和载流导体遭受严重破坏。为此，要使电路元件能承受短路时最大电动力的作用，电路元件必须具有足够的电动稳定度。

在短路电流中，三相短路冲击电流 $i_{sh}^{(3)}$ 为最大，且三相短路时 $i_{sh}^{(3)}$ 在导体中间相产生的电动力最大，其电动力 $F^{(3)}(N/A^2)$ 可用下式表示

$$F^{(3)}=\sqrt{3}\times i_{sh}^{(3)2}\times\frac{L}{a}\times 10^{-7}$$

式中，L 为导体两支撑点间的距离，即档距，m；$i_{sh}^{(3)}$ 为三相短路冲击电流，A；a 为两导体间的轴线距离，m。

4. 短路动稳定度的校验

(1) 电器和导体动稳定度的校验需根据校验对象的不同而满足不同的校验条件。

对于一般电器

$$i_{max}\geqslant i_{sh}^{(3)} \quad 或 \quad I_{max}\geqslant I_{sh}^{(3)}$$

式中，i_{max} 和 I_{max} 分别为电器的极限通过电流（动稳定电流）的峰值和有效值，可查有关手册或产品样本。

(2) 对于绝缘子

$$F_{al}\geqslant F_c^{(3)}$$

式中，F_{al} 为绝缘子的最大允许载荷，可由有关手册或产品样本查得；$F_c^{(3)}$ 为短路时作用于绝缘子上的计算力。

(3) 对母线等硬导体

$$\sigma_{al}\geqslant\sigma_c$$

式中，σ_{al} 为母线材料的最大允许应力，$Pa(N/m^2)$，硬铜母线为 140MPa，硬铝母线为 70MPa；σ_c 为母线通过 $i_{sh}^{(3)}$ 所受到的最大计算应力。

对于电缆，因其机械强度较高，可不必校验其短路动稳定度。

项目 4 供配电工程设计

练习题4.4

一、简述题

1. 短路故障产生的原因有哪些?短路电力系统有哪些危害?
2. 短路计算的目的是什么?
3. 什么是短路电流的电动效应?为什么要采用短路冲击电流来计算?
4. 什么是短路电流的热效应?为什么要采用短路稳态电流来计算?什么叫短路发热假想时间?如何计算?

二、计算题

有一地区变电所通过一条长 4km 的 10kV 电缆线路供电给某建筑物一个装有两台并列运行的 SL7-800 型主变压器的变电所。地区变电站出口断路器的断流容量为 300MVA。试求该变电 10kV 高压侧和 380V 低压侧的短路电流 I_k、I_{sh}、i_{sh} 及短路容量 S_k,并列出短路计算表。

任务 4.5 电气设备的选择

任务说明	在前面负荷计算、短路电流计算结果的基础上,根据《工业与民用配电手册》关于高压电气设备、低压电气设备选择的要求,查阅相关产品样本,验算某变配电工程中各电器设备选用的参数,掌握常用设备选择
学习目标	初步具有变配电工程电气设备选择的能力
工作依据	教材、手册、规范、负荷计算和短路电流计算结果
实施步骤	1. 认真学习《工业与民用配电手册》工程高压电气设备、低压电气设备选择的要求 2. 依据前面电气主接线形式、负荷计算、短路电流计算结果,依次对该变配电工程高低压器的型号、参数进行验算 3. 填写电气设备类型与参数选择的计算书
任务成果	电气设备类型与参数选择的计算书

供配电系统中承担输送和分配电能任务的电路,称为一次回路。一次回路中所有的电气设备称为一次设备。常用的高、低压一次设备是指断路器、负荷开关、隔离开关、互感器、熔断器以及由以上开关电器及附属装置所组成的成套配电装置(高压开关柜和低压配电屏)等。下面分别介绍它们的结构与原理,以便正确、合理地选择和使用。

4.5.1 高压电器及开关柜

【高压熔断器】

1. 高压熔断器（FU）

高压熔断器是在电路电流超过规定值并经过一定时间后，使熔体熔化而分断电流、断开电路的一种保护电器。

（1）功能：主要是对电路及设备进行短路保护，有的熔断器还具有过负荷保护的功能。

（2）特点：结构简单，是应用最广泛的保护电器。

（3）图形符号：

—▭—

（4）文字符号：FU。

（5）型号的表示和含义：

（6）分类：高压熔断器一般可分为管式和跌落式两类。户内广泛采用管式，户外采用跌落式。由于管式熔断器在开断电路时无游离气体排出，因此户内广泛采用 RN1、RN2 型。

① RN1 和 RN2 型户内高压管式熔断器（限流式）。RN1 型主要用于高压电路和设备的短路保护（额定电流可达 100A），RN1 型主要用于高压电路和设备的短路保护（额定电流可达 100A）。RN1、RN2 型高压熔断器外形如图 4.44 所示。

图 4.44 RN1、RN2 型高压熔断器外形
1—瓷熔管；2—金属管帽；3—弹性触座；4—熔断指示器；
5—接线端子；6—支柱绝缘子；7—底座

② RW4 和 RW10（F）型户外高压跌落式熔断器。既可作 6～10kV 线路和设备的短路保护，又可在一定条件下，用高压绝缘钩棒操作熔管的分合，起高压隔离开关的作用。RW4-10(G)型跌落式熔断器外形如图 4.45 所示。

图 4.45　RW4-10(G)型跌落式熔断器外形

1—上接线端子；2—上静触头；3—上动触头；4—管帽；5—操作环；6—熔管（内套纤维质消弧管）；7—铜熔丝；8—下动触头；9—下静触头；10—下接线端子；11—绝缘瓷瓶；12—固定安装板

2. 高压隔离开关（QS）

高压隔离开关也称刀闸，是建筑供配电系统中使用最多的一种高压开关电器。GN8-10/600 型高压隔离开关外形如图 4.46 所示。

【高压隔离开关】

图 4.46　GN8-10/600 型高压隔离开关外形

1—上接线端子；2—静触头；3—闸刀；4—绝缘套管；5—下接线端子；6—框架；7—转轴；8—拐臂；9—升降瓷瓶；10—支柱绝缘子

(1) 功能：隔离高压电源，保证其他电气设备的安全检修。

(2) 特点：断开后有明显可见的断开间隙，而且断开间隙的绝缘及相间绝缘都是足够可靠，能够充分保证人身和设备的安全；没有专门的灭弧装置，因此不允许带负荷操作，但可用来通断一定的小电流，如励磁电流不超过2A的空载变压器、电容电流不超过5A的空载线路及电压互感器和避雷器等。

(3) 图形符号：

(4) 文字符号：QS。

(5) 型号的表示和含义：

(6) 分类：按使用场所分为户内和户外式两类；按有无接地可分为不接地、单接地和双接地三类。

3. 高压负荷开关（QL）

【高压负荷开关】

FN3-10RT型高压负荷开关外形如图4.47所示。

(1) 功能：具有简单的灭弧装置，能通断一定的负荷电流和过负荷电流，不能断开短路电流，与高压熔断器配合使用。

(2) 特点：与隔离开关一样具有明显可见的断开间隙，具有简单的灭弧装置，因而能通断一定的负荷电流和过负荷电流，但不能断开短路电流，因此它必须与高压熔断器串联使用，借助熔断器切断故障电流。

(3) 图形符号：

(4) 文字符号：QL。

(5) 型号的表示和含义：

图 4.47 FN3-10RT 型高压负荷开关外形

1—主轴；2—上绝缘子兼气缸；3—连杆；4—下绝缘子；5—框架；6—RN1 型高压熔断器；
7—下触座；8—闸刀；9—弧动触头；10—绝缘喷嘴（内有弧静触头）；11—主静触头；
12—上触座；13—断路弹簧；14—绝缘拉杆；15—热脱扣器

4. 高压断路器（QF）

高压断路器是高压供电系统中重要的电气设备之一。SN10-10 型高压少油断路器外形如图 4.48 所示。

（1）功能：高压断路器能通断负荷电流和短路电流，并能在保护装置作用下自动跳闸，切除短路故障。

【高压断路器】

图 4.48 SN10-10 型高压少油断路器外形

1—铝帽；2—上接线端子；3—油标；4—绝缘筒；5—下接线端子；6—基座；
7—主轴；8—框架；9—断路弹簧

（2）特点：没有明显可见的断开间隙，有灭弧装置。

（3）图形符号：

（4）文字符号：QF。

（5）型号的表示和含义：

（6）分类：按使用场合分为户内和户外；按采用的灭弧介质分为压缩空气断路器、油断路器、真空断路器、SF_6 断路器等。

5. 电流互感器和电压互感器

【互感器】

电流互感器又称仪用变流器，电压互感器又称仪用变压器，它们合称互感器。从基本结构和工作原理看互感器就是一种特殊的变压器。LMZJ1-0.5 型电流互感器外形如图 4.49 所示。

功能：①变换功能；②隔离作用；③扩大仪表、继电器的使用范围，同时可使二次仪表、继电器的规格统一，利于大规模生产。

图 4.49　LMZJ1-0.5 型电流互感器外形
1—铭牌；2—一次母线穿孔；3—外形铁心；4—安装板；5—二次接线端子

1）电流互感器

（1）文字符号：TA。

（2）图形符号：

（3）特点：一次绕组匝数少、导体粗、串联在一次电路中，二次绕组匝数多、导体细、串联在仪表、继电器的电流线圈中。二次回路阻抗很小，二次回路近似于短路状态，二次绕组的额定电流一般为 5A（有的为 1A）。

（4）类型：电流互感器的类型很多。按一次绕组的匝数分单匝式（母线式、芯柱式、套管式）和多匝式（线圈式、绕环式、串级式）。按一次电压高低分为高压和低压式。按用途分为测量用和保护用。按准确精度级分，测量用有 0.1、0.2、0.5、1、5 五个等级，保护用有 5P 和 10P 两个等级。

（5）接线方式。电流互感器接线如图 4.50 所示。

（6）型号的表示和含义：

结构形式：R—套管式，Z—支柱式，Q—线圈式，F—复匝贯穿式，D—单匝贯穿式，M—母线式，B—支持式，A—穿墙式。

图 4.50 电流互感器接线

(a) 一相式接线；(b) 两相 V 形接线；(c) 两相电流差接线；(d) 三相星形接线

线圈外绝缘介质：Z—浇注绝缘，C—磁绝缘，J—树脂浇注，K—塑料外壳，W—户外式，G—改进式，Q—加强式。

用途：B—保护用，D—差动保护用，J—接地保护用。

(7) 注意：

①工作时二次回路不能开路。

②二次侧必须有一端接地。

③接线时注意端子极性，防止接错线。

2) 电压互感器

(1) 文字符号：TV。

(2) 图形符号：

(3) 特点：一次绕组匝数多、导线细，二次绕组匝数少、导线粗；在运行中一次绕组并联在供电系统的一次回路中，而二次绕组并联仪表、继电器的电压线圈，由于这些电压线圈的阻抗很大，所以电压互感器工作时二次绕组接近于空载状态；二次绕组的额定电压一般为 100V，用于接地保护电压互感器的二次侧额定电压为 $100/\sqrt{3}$ V，开口三角形侧 100/3V。

(4) 接线方式，电压互感器接线如图 4.51 所示。

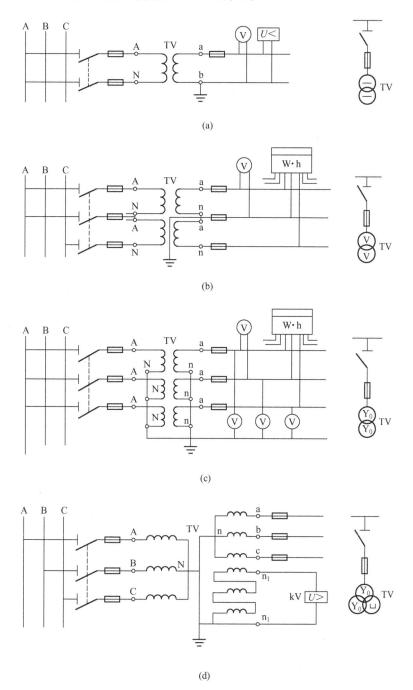

图 4.51 电压互感器接线
(a) 一个单相电压互感器；(b) 两个单相电压互感器接成 V/V 形；
(c) 三个单相电压互感器接成 Y_0/Y_0 形；
(d) 三个单相三绕组或一个三相五芯柱三绕组电压互感器接成 $Y_0/Y_0/\triangle$（开口三角）形

(5) 型号的表示和含义：

(6) 注意：

① 电压互感器在工作时二次侧不能短路。

② 电压互感器二次侧有一端必须接地。

③ 电压互感器接线时必须注意极性，防止因接线错误而引起事故。单相电压互感器分别标 A、X 和 a、x。三相电压互感器分别标 A、B、C、N 和 a、b、c、n。

6. 高压开关柜

【高压开关柜】

高压开关柜是按一定的线路方案将有关一、二次设备组装而成的一种高压成套装置，在发电厂和变配电所中作为控制和保护发电机、变压器和高压线路之用，也可作为大型高压交流电动机的启动和保护之用，其中安装有高压开关电器、保护设备、监测仪表和母线、绝缘子等。

1) 功能

(1) 防止误分、误合断路器。

(2) 防止带负荷误拉、误合隔离开关。

(3) 防止带电误挂接地线。

(4) 防止带接地线误合隔离开关。

(5) 防止人员误入带电间隔。

2) 型号格式和含义：

3) 分类

高压开关柜按其主要设备元件的安装方式可分为固定式和手车式（移开式）两大类；按开关柜隔室的构成形式可分为铠装式、间隔式、箱式和半封闭式等；按其母线系统可分为单母线、单母线带旁路母线和双母线等形式。

(1) 固定式高压开关柜。其主要设备（包括断路器、互感器和避雷器）及其他设备都是固定安装的，如 GG1A（F）、KGN、XGN 等型开关柜。GG1A(F)-07S 型高压开关柜（断路器柜）如图 4.52 所示。

(2) 手车式（移开式）高压开关柜。其主要设备如断路器、电压互感器、避雷器等装

图 4.52　GG1A(F)-07S 型高压开关柜（断路器柜）

1—母线；2—母线侧隔离开关；3—少油断路器（QF）；4—电流互感器（TA）；
5—线路侧隔离开关（QS）；6—电缆头；7—下检修门；8—端子箱门；
9—操作板；10—断路器的手动操动机构；11—隔离开关的操动机构手柄；
12—仪表继电器屏；13—上检修门；14、15—观察窗口

设在可以拉出和推入开关柜的手车上，这些设备如发生故障或需要检修试验时可随时将其手车拉出，再推入同类备用手车即可恢复供电，停电时间很短，大大提高了供电可靠性。手车式开关柜较之固定式开关柜具有检修安全、供电可靠性高等优点，但制造成本较高，主要用于大中型变配电所及负荷比较重要、要求供电可靠性高的场所。常用的手车式开关柜有 GC、JYN 等型。GC口-10(F)型高压开关柜如图 4.53 所示。

（3）环网高压开关柜。环网高压开关柜一般由三个间隔组成，其中一个电缆进线间

图 4.53　GC口-10(F)型高压开关柜
1—仪表屏；2—手车室；3—上触头（兼起隔离开关作用）；
4—下触头（兼起隔离开关作用）；5—断路器手车

隔，一个电缆出线间隔，还有一个为变压器回路间隔。环网柜的主要电气元件有高压负荷开关、熔断器、隔离开关、接地开关、电流互感器、电压互感器、避雷器等。环网柜具有可靠的防误操作设施，达到了规定的"五防"（对高压开关柜结构的安全要求），在我国城市电网改造和建设中得到了广泛的应用。

4.5.2　低压配电装置

低压配电装置包括低压配电屏（柜）和配电箱，是按一定的线路方案将有关一、二次设备组装而成的一种低压成套装置，在低压配电系统中作为控制、保护和计量之用。

1. 低压配电屏（柜）

低压配电屏的全型号格式和含义如下：

【低压配电屏】

1) 固定式低压配电屏（柜）

其中的电器元件均为固定安装和固定接线，目前使用较广的固定式配电屏有 PGL、

GGL、GGD等型号，其中GGD型是较新的国产产品，全部采用新型电器元件，具有分断能力强、热稳定性好、接线方案灵活、组合方便、结构新颖及外壳防护等级高等优点，是国家推广应用的一种新产品。固定式低压配电屏适用于发电厂、变电所及工矿企业等电力用户作动力和照明配电之用。

2）抽屉式低压配电屏（柜）

其安装方式为抽屉式（或称抽出式），每个抽屉为一个功能单元，按一、二次线路方案要求，将有关功能单元的抽屉叠装安装在封闭的金属柜体内。常用的抽屉式配电屏（柜）有BFL、GCL和GCK等型号，适用于三相交流系统中作为负荷或电动机控制中心的配电和控制装置。引进国外技术生产的多米诺动力配电柜是动力配电箱的一种新产品，具有体积小、结构新颖美观、易于安装维护和安全可靠等优点，适用于工矿企业和高层建筑作低压动力和照明配电之用。

3）混合式低压配电屏（柜）

其安装方式为固定和插入混合安装，有ZH1（F）、GHL等型号，其中GHL-1型配电屏采用了先进新型电器，如NT系列熔断器、ME系列断路器及CJ20系列接触器等，集动力配电与控制于一体，兼有固定式和抽屉式的优点，可取代PGL型低压配电屏和XL型动力配电箱，并兼有BFC型抽屉式配电屏的优点。

2. 配电箱

配电箱的全型号格式和含义如下：

【低压配电箱】

1）动力配电箱

通常具有配电和控制两种功能，主要用于动力配电与控制，但也可供照明配电与控制。常用的有XL、XL-2、XF-10、XLCK、BGL-1、SGL1、BGM-1等多种型号，其中BGL-1、BGM-1型号多用于高层住宅建筑的照明和动力配电。

2）照明配电箱

照明配电箱适用于工业与民用建筑在交流50Hz，额定电压不超过500V的照明控制回路，作为线路的过载、短路保护以及线路的正常转换之用。照明配电箱主要用于照明配电，但也能对一些小容量的动力设备配电。

照明配电箱一般采用封闭式箱结构，悬挂式或嵌入式安装，箱中一般装有新型电器元件（如小型空气断路器、漏电开关等）、中性线（N）、保护线（PE）和汇流排，有的产品还装有电度表和负荷开关，多采用下侧或上下两侧进出线方式。

照明设计中，应首先根据负荷性质和用途，确定选用照明箱、计量箱、插座箱，然后根据控制对象负荷电流的大小、电压等级以及保护要求，确定配电箱内支路开关电器的容量、电压等级，按负荷管理所划分的区域确定回路数，并应留有1～2个备用回路。

选择配电箱时，还应根据使用环境和场合的要求，确定配电箱的结构形式（明装、暗装）、外观颜色以及外壳防护等级（防火、防潮、防爆等）。实际工程中，照明配电箱一般设置在电源的进口处，同时应考虑便于操作、不妨碍交通，应尽量避免安装在有水或有易燃易爆物品的场所；照明配电箱应尽可能设置在负荷的中心，以节约用线和减少线路的电压损失。安装时，悬挂式和嵌入式照明配电箱的下边距地（楼）面一般为1.4m，落地式配电箱的下边距地（楼）面高度一般为0.3m。

4.5.3 电气设备的选择与校验

电气设备的选择是供配电系统设计的主要内容之一，是保证电网安全、经济运行的重要条件。在供配电系统中尽管电气设备的作用不一样，具体选择的方法也不同，但其基本要求是相同的。为保证电气设备安全、可靠地运行，必须按需依据正常工作条件、环境条件及安装条件进行选择，部分设备还需依据短路情况下的短路电流进行动、热稳定度的校验，同时要求工作安全可靠，运行维护方便，投资经济合理。

1. 按正常工作条件选择电气设备

【高压配电设备的选择与校验】

为了保证电气设备在正常运行情况下可靠地工作，必须按照正常运行条件选择电气设备。正常运行条件是指电气设备正常运行时的工作电压及工作电流。

1）按工作电压选择电气设备

电气设备所在电网的运行电压因调压或负荷的变化有时会高于电网的额定电压，故所选择电气设备允许的最高工作电压不得低于所接电网的最高运行电压。通常规定一般电气设备允许的最高工作电压为设备额定电压的1.1～1.15倍，而电气设备所在电网的运行电压波动一般不超过电网额定电压的1.15倍。因此，在选择电气设备时，一般可按照电气设备的额定电压U_N不低于设备安装地点电网额定电压U_{NS}的条件选择，即

$$U_N \geqslant U_{NS}$$

高压电器最高电压见表4-8。

表4-8 高压电器最高电压

项目				穿墙套管	支柱绝缘子	隔离开关	断路器	负荷开关	熔断器	电流互感器	电压互感器	限流电抗器	消弧线圈
系统标称电压/kV	3	系统最高电压/kV	3.6	设备最高电压/kV			3.6	3.6	3.6	3.5	3.6	3.6	3.6	系统的线对中性点电压
	6		7.2		6.9	7.2	7.2	7.2	7.2	6.9	7.2	7.2	7.2	
	10		12		11.5	12	12	12	12	12	12	12	12	
	(20)		24		23	24	24	24	24	24	24	24	24	
	35		40.5		40.5	40.5	40.5	40.5	40.5	40.5	40.5	40.5	40.5	

2）按工作电流选择电气设备

高压电器及导体的额定电流 I_N 是指在规定的环境温度下，设备的长期允许通过电流 I_{al} 不应小于该回路的最大持续工作电流 I_{max}，即

$$I_N(I_{al}) \geqslant I_{max}$$

当周围环境温度 θ 与导体（或电器）规定环境温度不等时，其长期允许电流 I_{al} 可按下式修正

$$I_{al\theta} = I_{al}\sqrt{\frac{\theta_{al}-\theta}{\theta_{al}-\theta_0}} = KI_{al}$$

$$K = \sqrt{\frac{\theta_{al}-\theta}{\theta_{al}-\theta_0}}$$

式中，K 为修正系数；θ_{al} 为导体或电气设备正常发热允许最高温度，一般可取 70℃。

3）按环境条件选择

按环境条件选择是指按照设备的装置地点、使用条件、检修和运行等要求选择导体、电器的种类和形式。例如选户外或户内设备，防爆型或普通型设备。环境条件指电器的使用场所（户外或户内）、环境温度、海拔高度以及有无防尘、防火、防腐、防爆等要求。

2. 按短路电流校验设备的热稳定度和动稳定度

这部分内容详见本项目 4.4.5 节短路电流的效应和稳定度校验。

（1）由于回路的特殊性，对下列几种情况可不校验热稳定或动稳定。

① 用熔断器保护的电器，其热稳定由熔体的熔断时间保证，故可不校验热稳定。

② 采用限流熔断器保护的设备可不校验动稳定，电缆因有足够的强度也可不校验动稳定。

③ 装设在电压互感器回路中的裸导体和电器可不校验动、热稳定。

（2）短路电流计算条件：为使所选导体和电器具有足够的可靠性、经济性和合理性，并在一定时期内适应系统发展的需要，做校验用的短路电流应按下列条件确定。

① 容量和接线：容量应按工程设计的最终容量，并适当考虑电力系统运行发展规划（一般为5～10年），其接线应采用可能发生最大短路电流的正常接线方式。

② 短路种类：一般按三相短路验算。若其他种类的短路电流较三相短路电流大时，则应按最严重情况验算。

③ 短路计算点：应将通过导体和电器的短路电流最大的点作为短路计算点。

3. 各种高低压电气设备选择校验的项目及条件

电气设备按正常工作条件进行选择，就是要考虑电气设备装设的环境条件和电气要求。环境条件是指电气设备所处的位置（户内或户外）、环境温度、海拔高度，以及有无防尘、防腐、防火、防爆等要求；电气要求是反映电气设备对电压、电流、频率等方面的要求，对开关类电气设备还应考虑其断流能力。电气设备按短路故障条件下进行校验，就是要按最大可能的短路电流校验设备的动、热稳定度，以保证电气设备在短路故障时不致损坏。

各种高低压电气设备选择校验的项目及条件见表 4-9。

表 4-9 各种高低压电气设备选择校验的项目及条件

电气设备名称	正常工作条件选择			短路电流校验	
	电压/kV	电流/A	断流能力/kA	动稳定度	热稳定度
高低压熔断器	√	√	√	×	×
高压隔离开关	√	√	×	√	√
低压刀开关	√	√	√	—	—
高压负荷开关	√	√	√	×	×
低压负荷开关	√	√	√	√	√
高压断路器	√	√	√	√	√
低压断路器	√	√	√	—	—
电流互感器	√	√	×	√	√
电压互感器	√	×	×	×	×
电容器	√	×	×	×	×
母线	×	√	×	√	√
电缆、绝缘导线	√	√	×	×	√
支柱绝缘子	√	×	×	√	×
套管绝缘子	√	√	×	√	√
选择校验的条件	电气设备的额定电压应大于安装地点的额定电压	电气设备的额定电流应大于通过设备的计算电流	开关设备的开断电流（或功率）应大于设备安装地点可能的最大开断电流（或功率）	按三相短路冲击电流值校验	按三相短路稳态电流值校验

注表中"√"表示必须校验，"×"表示不必校验，"—"表示可不校验。

选择变电所高压侧的电气设备时，应取变压器高压侧额定电流。对高压负荷开关，最大开断电流应大于它可能开断的最大过负荷电流；对高压断路器，其开断电流（或功率）应大于设备安装地点可能的最大短路电流周期分量（或功率）；对熔断器开断流能力亦依据熔断器的具体类型而定；对互感器应考虑准确度等级；对补偿电容器应按照无功容量选择。

另外，高压开关柜与低压配电屏的选择应满足变配电所一次电路供电方案的要求，依据技术经济指标选择合适的形式及一次线路方案编号，并确定其中所有一、二次设备的型号规格。在向开关电器厂订购设备时，还应向厂家提供一、二次电路图纸及有关技术资料。

练习题4.5

1. 高压熔断器的作用是什么？它有哪几种类型？分别适用于什么场合？
2. 高压负荷开关的作用是什么？
3. 高压断路器的作用是什么？它有哪几种类型？

4. 高压少油断路器、真空断路器和六氟化硫断路器各自的灭弧介质是什么？灭弧性能如何？各适用于什么场合？

5. 高压开关柜有哪几种类型？各有何特点？开关柜的"五防"功能指的是什么？

6. 选择高压开关设备和高压熔断器应满足哪些条件？高压开关为何要进行短路稳定度校验？

任务 4.6 施工现场临时供电设计

任务说明	某小区施工现场临时供电设计方案分析
学习目标	初步具备施工现场临时供电设计能力
工作依据	某小区施工现场临时供电设计方案、规范
实施步骤	1. 分析供电电源 2. 分析配电系统 3. 进行负荷验算，判断变压器选择是否合理 4. 分析接地装置设置是否合理 5. 分析导线选择、配电线路敷设是否合理 6. 分析配电保护装置设置是否合理 7. 分析图纸绘制是否合理 8. 将以上分析结果形成报告
任务成果	临时供电设计方案合理性分析报告

4.6.1 设计要求

按照 JGJ46—2005《施工现场临时用电安全技术规范》的规定，施工现场临时供电设计应包括：现场勘测；确定电源进线、变电所或配电室、配电装置、用电设备位置及线路走向；进行负荷计算；选择变压器；设计配电系统（设计配电线路，选择导线或电缆；设计配电装置，选择电器；设计接地装置；绘制临时用电工程图纸，主要包括用电工程总平面图、配电装置布置图、配电系统接线图、接地装置设计图）；设计防雷装置；确定防护措施；制定安全用电措施和电气防火措施等内容。

（1）现场勘测的内容主要包括该施工现场周围有无外电架空线路与外电埋地电缆，外电架空线路、埋地电缆与该施工现场的位置关系，提供给该施工现场的电源及位置，施工现场的平面布置，以及连接该施工现场的道路、周边的建筑物等情况。

(2) 根据现场勘测的情况及施工现场的平面布置确定电源进线、变电所或配电室、配电装置、用电设备位置及线路走向。

(3) 建筑施工现场临时用电工程专用的电源中性点直接接地的 220/380V 三相四线制低压电力系统必须符合下列规定：采用三级配电系统；采用 TN-S 接零保护系统；采用二级漏电保护系统。

(4) 关于负荷计算、开关电器的选择、变压器的选择、导线或电缆的选择，可参阅本章节相关内容。

(5) 最后，绘制临时用电工程图纸，主要包括用电工程总平面图、配电装置布置图、配电系统接线图、接地装置设计图。

4.6.2 施工现场临时供电设计

1. 确定供电电源

【施工现场临时用电】

建筑施工现场的用电设备主要是塔式起重机、混凝土搅拌机、电动打夯机等动力设备以及照明设备，一般也采用 220/380V 电压，应采用 TN-S 系统的型式。

建筑施工现场电源的解决途径如下：

(1) 就近借用已有的配电变压器供电。

(2) 先按图纸施工变配电所，从而取得施工电源。

(3) 向供电部门提出临时用电申请，设置临时变压器。

(4) 自建临时电站，如柴油发电机等。

2. 配电系统设计

建筑工地的低压配电系统由工地变压器、电缆或导线、开关箱等组成。低压配电一般采用三级配电：总配电箱、分配电箱、开关箱。

配电箱是动力系统和照明系统的配电和供电中心。在建筑施工现场，凡是用电的场所，不论负荷的大小，都应按用电的情况安装适宜的配电箱。建筑工地的低压配电箱分电力配电箱和照明配电箱两类，原则上应分别设置，当动力负荷容量较小、数量较少时，也可以和照明设备共用同一配电箱，对于容量较大的设备以及特殊用途的设备，如消防、警卫等设备，则应单独设置配电箱。

3. 接地装置设计

(1) 在施工现场专用变压器供电的 TN-S 接零保护系统中，电气设备的金属外壳必须与保护零线连接。保护零线应由工作接地线、配电室（总配电箱）电源侧零线或总漏电保护器电源侧零线处引出（图 4.54）。

(2) 当施工现场与外电线路共用同一供电系统时，电气设备的接地、接零保护应与原系统保持一致，不得一部分设备做保护接零，另一部分设备做保护接地。

采用 TN 系统做保护接零时，工作零线（N 线）必须通过总漏电保护器，保护零线（PE 线）必须由电源进线零线重复接地处或总漏电保护器电源侧零线处引出，形成局部 TN-S 接零保护系统（图 4.55）。

(3) PE 线上严禁装设开关或熔断器，严禁通过工作电流，且严禁断线。

（4）TN 系统中的保护零线除必须在配电室或总配电箱处做重复接地外，还必须在配电系统的中间处和末端处做重复接地。

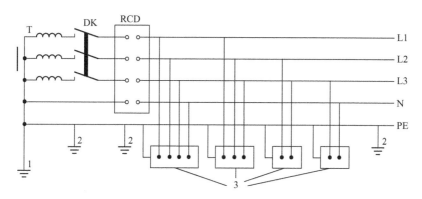

图 4.54　专用变压器供电时 TN－S 接零保护系统示意
1—系统中性点接地；2—重复接地；3—电气设备外露可导电部分

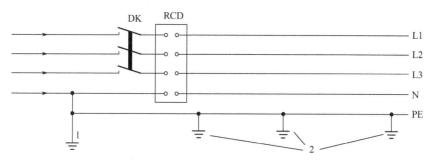

图 4.55　三相四线供电时局部 TN－S 接零保护系统保护零线引出示意
1—电源进线零线重复接地；2—配电系统重复接地

4. 负荷确定

采用需要系数法确定计算负荷。

（1）确定各类用电设备的计算负荷

$$P_c = K_d \cdot P_e$$

$$Q_c = P_c \cdot \tan\varphi$$

$$S_c = \sqrt{P_c^2 + Q_c^2}$$

$$I_c = \frac{S_c^2}{\sqrt{3} U_N}$$

（2）求总计算负荷

$$P_{c\Sigma} = K_\Sigma \sum P_c$$

$$Q_{c\Sigma} = K_\Sigma \sum Q_c$$

$$S_{c\Sigma} = \sqrt{P_{c\Sigma}^2 + Q_{c\Sigma}^2}$$

对于工地变电所的低压母线 $K_\Sigma = 0.8 \sim 0.9$。

对于工地变电所的低压干线 $K_\Sigma=0.9\sim1.0$。

单相设备应尽量均匀地分配在三相线路上，以保持三相负荷尽可能平衡。若无法做到负荷在三相上的均匀分配，则应按负荷最大的一相进行计算。

5. 变压器选择

(1) 台数选择。通常只选用一台变压器由 10kV 的电网电压降到 220/380V 供电。如果集中负荷较大，或昼夜、季节性负荷波动较大时，宜安装两台或两台以上变压器。

(2) 变压器容量选择

$$S_N \geqslant S_{c\Sigma}$$

6. 配电线路

施工工地的配电线路一般采用架空线，在敷设中应注意以下问题。

(1) 应综合考虑运行、施工、交通条件和路径长度等因素。

(2) 工地线路应尽可能地架设在道路一侧，临时电源线穿过人行道或公路时，必须穿管埋地敷设。

(3) 施工现场内一般不得架设裸导线，如所利用的原有的架空线为裸导线时，应根据施工情况采取防护措施。各种绝缘导线均不得成束架空敷设，不同电压等级的导线间应有 0.3~1m 的间距。

(4) 各种配电线路应尽量减少与其他设施的交叉和跨越建筑物。如果不得已必须跨越时，应保证有足够的安全强度。

(5) 架空线路与施工建筑物的水平距离一般不得小于 10m，与地面的垂直距离不得小于 6m，跨越建筑物时与其顶部的垂直距离不得小于 2.5m。塔式起重机附近的架空线路应在臂杆回转半径及被吊物 1m 以外。

(6) 施工用电设备的配电箱应设置在便于操作的地方，并做到单机单闸。露天配电箱应有防雨措施。

(7) 供电线路电杆的间距和杆高应作合理的选择，电杆的间距一般为 25~60m，电杆应有足够的机械强度，不得有倾斜、下沉及杆基积水等现象。杆基与各种管道与水沟边的距离不应小于 1m，与贮水池的距离不应小于 2m，必要时应采取有效的加固措施。

(8) 暂时停用的线路应及时切断电源。工程竣工以后，临时配电线路及供配电设备应随时拆除。

7. 导线选择

建筑工地施工用电，为了安全以采用橡胶绝缘导线为宜，为了节省铜材而采用铝线，因此，导线型号选择 BDX 型铝芯橡胶绝缘导线。

在选择导线的截面时，根据具体的使用场合，按照发热条件和允许电压损失；来选择导线截面。按照机械强度来校验所选导线的截面。同时，在选择导线的截面时应满足铝芯绝缘导线的截面面积不小于 16mm^2、铜芯绝缘导线的截面面积不小于 10mm^2。

8. 线路保护装置选择

(1) 配电线路采用熔断器作短路保护时，熔体额定电流应不大于电缆或穿管绝缘导线允许载流量的 2.5 倍，或明敷绝缘导线允许载流量的 1.5 倍。

(2) 配电线路采用低压断路器作短路保护时，其过电流脱扣器脱扣电流整定值，应小于线路末端单相短路电流，并应能承受短时过负荷电流。

（3）经常过负荷的线路、易燃易爆物邻近的线路、照明线路，必须有过负荷保护。

（4）设过负荷保护的配电线路，其绝缘导线的允许载流量，应不小于熔断器熔体额定电流或低压断路器长延时过电流脱扣器脱扣电流整定值的1.25倍。

（5）电气设备的供电线路首端应装设漏电保护。漏电保护装置一般选用漏电保护器。

9. 图纸绘制

图纸绘制包括动力配电系统图和施工现场电力供应平面布置图。施工现场电力供应平面布置图主要应包括变压器的位置、配电线路的走向、主要配电箱和主要电气设计的位置等。

练习题4.6

1. 施工现场配电系统由什么构成？什么叫三级配电？
2. 施工现场接地采用什么系统？接地装置设计的要点是什么？
3. 施工现场变压器的容量和数量如何选择？
4. 施工现场的导线和电缆型号和截面如何选择？
5. 施工现场需采用什么保护电器？分别用在哪些保护方式上？

项目 5 防雷与接地工程设计

任务 5.0 教学载体——学生宿舍防雷与接地工程施工图

1. 防雷设计说明

（1）本工程按三类防雷建筑设计。

（2）本工程防雷接地、保护接地、重复接地等所有接地系统均共用建筑基础钢筋作接地装置，接要求接地电阻不大于 1Ω，施工完后应实测，若达不到要求，可利用测试点加打人工接地体，并从测试点设总等电位连接线将进出建筑物的金属管线、构件作可靠的电气连接。

（3）保护接地、重复接地，接地极用－40×4 扁铁经就近柱内钢筋与基础钢筋网焊接。利用构造柱内（至少二根）主筋作防雷引下线，上端与避雷带钢筋焊通，下端与基础钢筋焊通。在室外 0.5m 处设接地测试点。

2. 接地设计说明

（1）本工程采用总等电位联结。

（2）本工程接地系统采用综合接地的方法、将防雷接地、保护接地等合一，利用建筑物基础内主筋相互连接作为接地体，要求接地电阻不大于 1Ω，以实测为准，如达不到要求，应补打人工接地体。

（3）利用基础地梁主筋焊联成闭合回路，然后用－40×4 镀锌扁钢从两个不同方向引上与柱内作为防雷引下线的主筋焊接。

（4）本工程基础接地部分施工具体做法参见国家建筑标准图集 03D501—3《利用建筑物金属体做防雷及接地装置安装》、图集 03D501—4《接地装置安装》。

屋顶防雷平面图如图 5.1 所示，一层接地平面图如图 5.2 所示。

项目 5 防雷与接地工程设计

图 5.1 一层接地平面图

接地部分说明：
1. 本工程采用总等电位联结。
2. 本工程接地系统采用综合接地方式，将防雷接地、保护接地等合一，利用建筑物基础内主筋相互连接作为接地体。
3. 要求接地电阻不大于1欧姆，以实测为准，加达不到要求，应补打人工接地体。
4. 利用基础地梁主筋焊联成闭合回路，然后用-40×4镀锌扁钢从两个不同方向引上柱内作为防雷引下线的主筋焊接。
5. 本工程基础接地部分施工具体做法请参见国家建筑标准图集03D501—3《利用建筑物金属体做防雷及接地装置安装》，图集03D501—4《接地装置安装》。

185

图5.2 屋顶防雷平面图

说明：
1. 本工程按三类防雷建筑设计。
2. 本工程防雷接地、保护接地、重复接地等所有接地系统均共用建筑基础钢筋作接地装置，要求接地电阻不大1欧。施工完后应实测，若达不到要求，可利用测试点加打人工接地体，并从测试点总设备等电位连接线接出建筑物的金属管线，构件作可靠的电气连接。
3. 保护接地、重复接地、接地极用-40×4扁铁经绕近柱内钢筋与钢筋基础网焊接。
4. "×"表示利用构造柱内钢筋（至少二根）主筋作防雷引下线，上端与避雷带接地钢筋焊通，下端与基础钢筋焊通，"Z"为在室外0.5m处接地测试点。
5. 柱内作引下线用的钢筋，施工时打好标记，以免接错。
6. 除利用结构钢筋外，其余接地用的接地线、铁件、避雷带均镀锌。
7. 凡突出屋面和外墙的金属物体均与避雷带作可靠连接。
8. 图中避雷带做法详国标图03D501-3及03D501-1。
9. 应密切配合施工，电气施工人员应随时注意钢防施工情况，检查上证施工人员是否按本图施工。

任务 5.1 防雷工程设计

任务说明	分析学生宿舍防雷工程设计合理性
学习目标	初步具备一般建筑防雷工程设计的能力
工作依据	教材、屋顶防雷工程图纸、手册、规范
实施步骤	1. 依据工程资料和防雷设计规范确定本建筑防雷分类 2. 分析本建筑物的防雷措施设置是否合理 3. 确定防雷装置的材料、装置、尺寸是否合理 4. 形成学生宿舍防雷工程设计方案合理性论证
任务成果	防雷工程设计方案合理性论证

5.1.1 过电压与防雷基本知识

1. 过电压的概念

过电压是指电力系统在特定条件下所出现的超过工作电压的异常电压的现象。按照过电压产生的原因不同,可分为外部过电压和内部过电压两大类。

1)内部过电压

电力系统内部运行方式发生改变而引起的过电压称为内部过电压,又分为暂态过电压、操作过电压和谐振过电压三种。

暂态过电压是由于断路器操作或发生短路故障,而使电力系统经历过渡过程以后,重新达到某种暂时稳定的情况下所出现的过电压,又称工频电压升高。

操作过电压是由于进行断路器操作或发生突然短路而引起的衰减较快、持续时间较短的过电压,常见的有空载线路合闸和重合闸过电压、切除空载线路过电压、切断空载变压器过电压和弧光接地过电压。

谐振过电压是电力系统中电感、电容等储能元件在某些接线方式下与电源频率发生谐振所造成的瞬间高电压。一般按起因分为线性谐振过电压、铁磁谐振过电压和参量谐振过电压。

内部过电压的幅值一般不超过电网额定电压的 3~4 倍,因此对电力线路和电气设备绝缘的威胁不是很大。

2)外部过电压

外部过电压又称雷电过电压或大气过电压,它是由于电力系统内的设备或建筑物遭受来自大气中的雷击或雷电感应而引起的过电压。雷电过电压产生的雷电冲击波,其电压幅值可高达 1 亿 V，其电流幅值可高达几十万安，供电系统的危害极大。

雷电过电压的两种基本形式如下。

(1) 直接雷击：雷电直接击中电气设备或线路，其过电压引起强大的雷电流通过这些物体放电入地，产生破坏性极大的热效应和机械效应，还有电磁脉冲和闪络放电。

(2) 间接雷击：雷电未直接击中电力系统中的任何部分而是由雷对设备、线或其他物体的静电感应所产生的过电压。

雷电过电压还有一种是由于架空线路或金属管道遭受直接或间接雷击而引起的过电压波，沿线路或管道侵入变配电所，这称为雷电波侵入或高电位侵入。据统计，其事故占整个雷害事故的 50%~70%，因此对雷电波侵入的防护应予以足够的重视。

2. 雷电的形成与特点

【雷电形成与特点】

雷电的形成过程可分为气流上升、电荷分离和放电三个阶段。在雷雨季节，地面上的水分受热变成蒸汽上升，与冷空气相遇之后凝成水滴，形成积云。云中水滴受强气流摩擦产生电荷，小水滴容易被气流带走，形成带负电的云；较大水滴形成带正电的云。由于静电感应，大地表面与云层之间、云层与云层之间会感应出异性电荷，当电场强度达到一定值时，即发生雷云与大地或雷云与雷云之间的放电。雷电对地放电示意如图 5.3 所示。

图 5.3 雷电对地放电示意

据测试，对地放电的雷云大多带负电荷。随着雷云中负电荷的积累，其电场强度逐渐增加，当达到 25~30 kV/cm 时，使附近的空气绝缘破坏，便产生雷云放电。

雷电流波形如图 5.4 所示，雷电流一般在 1~4 μs 内增长到幅值 I_m。雷电流在幅值以前的一段波形称为波头；从幅值起到雷电流衰减至 $I_m/2$ 的一段波形称为波尾。雷电流是一个幅值很大、陡度很高的电流，具有很强的冲击性，其破坏性极大。

建筑物遭受雷击的部分是有一定规律的，建筑物易遭受雷击的部位如下。

(1) 平屋面或坡度不大于 1/10 的屋面——檐角、女儿墙、屋檐，如图 5.5 (a)、(b) 所示。

图 5.4 雷电流波形

（2）坡度大于 1/10 且小于 1/2 的屋面—屋角、屋脊、檐角、屋檐，如图 5.5（c）所示。

（3）坡度不小于 1/2 的屋面—屋角、屋脊、檐角，如图 5.5（d）所示。

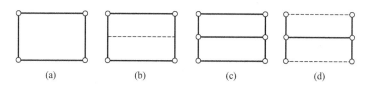

图 5.5 建筑物易受雷击的部位

(a) 平屋面；(b) 坡度小于或等于旧的屋面；(c) 坡度大于 1/10 且小于 1/2 的屋面；
(d) 坡度大于或等于 1/2 的屋面

3. 雷电击的基本形式

雷电击的基本形式有：直击雷、感应雷、雷电波侵入。

1）直击雷

当天空中的雷云飘近地面时，就在附近地面特别是凸出的树木或建筑物上感应出异性电荷。电场强度达到一定值时，雷云就会通过这些物体与大地之间放电，发生雷击。这种直接击在建筑物或其他物体上的雷电叫直击雷。直击雷使被击物体产生很高的电位，引起过电压和过电流，不仅会击毙人畜、烧毁或劈倒树木、破坏建筑物，而且还会引起火灾和爆炸。

2）感应雷

当建筑上空有雷云时，在建筑物上便会感应出相反电荷。在雷云放电后，云与大地电场消失了，但聚集在屋顶上的电荷不能立即释放，此时屋顶对地面便有相当高的感应电压，造成屋内电线、金属管道和大型金属设备放电，引起建筑物内的易爆危险品爆炸或易燃物品燃烧。这里的感应电荷主要是由于雷电流的强大电场和磁场变化产生的静电感应和电磁感应造成的，所以称为感应雷或感应过电压。

3）雷电波侵入

当输电线路或金属管路遭受直接雷击或发生感应雷，雷电波便沿着这些线路侵入室内，造成人员、电气设备和建筑物的伤害和破坏。雷电波侵入造成的事故在雷害事故中占相当大的比重，需引起足够重视。

4）球形雷

球形雷的形成研究还没有完整的理论，通常认为它是一个温度极高的特别明亮的眩目发光球体，直径为 10～20cm 或更大。球形雷通常在电闪后发生，以每秒几米的速度在空气中漂行，它能从烟囱、门、窗或孔洞进入建筑物内部造成破坏。

3. 雷暴日

雷电的大小、多少与气象条件有关，评价某地区雷电的活动频繁程度一般以雷暴日为单位。在一天内只要听到雷声或者看到雷闪就算一个雷暴日。由当地气象台站统计的多年雷暴日的年平均值称为年平均雷暴日数。年平均雷暴日不超过 15 天的地区称为少雷区，超过 40 天的地区称为多雷区。

4. 雷电的危害

雷电的形成伴随着巨大的电流和极高的电压，在它的放电过程中会产生极大的破坏力。雷电的危害主要有以下几方面。

1）热效应

雷电流通过导体时，在极短时间内转换成大量热能，造成火灾。

2）机械效应

雷电的机械效应指雷电经过时，建筑物内部产生大量汽化压力和金属物体产生的电动力所引起的破坏作用。

3）电气效应

雷电引起的过电压，会击毁电气设备和线路的绝缘。

4）电磁效应

强大的雷电流周围产生强大且变化剧烈的磁场，使处于这个变化磁场中的金属物体感应电流，产生发热现象。

5.1.2 防雷装置

雷电所形成的高电压和大电流对供电系统的正常运行和人们的生命财产造成了极大的威胁，所以必须采取防护措施。防雷装置由接闪器、引下线和接地装置三部分组成。

1. 接闪器

接闪器就是专门用来接受雷云放电的金属物体。接闪器的类型有避雷针、避雷线、避雷带、避雷网、避雷环等，都是经常用来防止直接雷击的防雷设备。

1）避雷针及保护范围

避雷针一般采用镀锌圆钢或镀锌钢管制成。它通常安装在电杆（支柱）或构架、建筑物上，它的下端要经引下线与接地装置连接。避雷针实质上是引雷针，它把雷电流引入地下，从而保护了线路、设备及建筑物等。

【防雷计算】

在避雷针下方有一个安全区域，处在这个安全区域内的被保护物遭受直接雷击的概率非常小，该区域就称为避雷针的保护范围。避雷针的保护范围根据 GB50057—2010《建筑物防雷设计规范》采用"滚球法"来计算。

滚球法确定防护范围的步骤为：选择一个半径为 h_r（滚球半径）的球体，沿需防护直击雷的部分滚动。当球体触及接闪器或者同时触及接闪器和地面，而不能触及接闪器下方部位时，则该部位就在这个接闪器的保护范围之内。滚球半径 h_r 是按不同建筑物的防雷类别确定的。

单根避雷针保护的范围如图 5.6 所示，具体计算步骤如下。

（1）当避雷针高度 h 小于或等于滚球半径 h_r 时。

① 距地面 h_r 处作一平行于地面的平行线。

② 以避雷针针尖为圆心，以 h_r 为半径，作弧线交平行线于 A、B 两点。

③ 分别以 A、B 为圆心，h_r 为半径作弧线，该两条弧线上与避雷针尖相交，下与地面相切，再将此两条弧线以避雷针为轴旋转 180°，形成的圆弧曲面体空间就是避雷针的保护范围。

④ 避雷针在 h_x 高度 $x—x'$ 平面上的保护半径 r_x 按下式确定

$$r_x = \sqrt{h(2h_r-h)} - \sqrt{h_x(2h_r-h_x)}$$

（2）当避雷针高度 h 大于滚球半径 h_r 时，取 $h=h_r$。

式中，r_x 为避雷针在 h_x 高度的 $x—x'$ 平面的保护半径；h_r 为滚球半径；h_x 为被保护物的高度，m；r_0 为避雷针在地面上的保护半径。

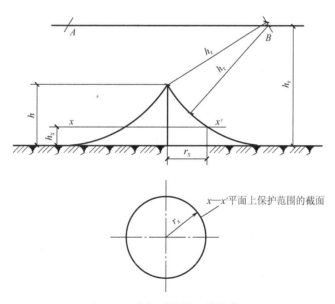

图 5.6 单根避雷针保护的范围

【例 5.1】 某厂有一座第二类防雷建筑物，高 10m，其屋顶最远一角距离高 50m 的烟囱为 15m，烟囱上装有一根 2.5m 高的避雷针。试用"滚球法"验算此避雷针能否保护这座建筑物。

【解】 已知 $h=50+2.5=52.5$m，$h_x=10$m，滚球半径 $h_r=45$m（第二类防雷建筑物），所以在 r_x 水平面上避雷针的保护半径为

$$r_x = \sqrt{h(2h_r-h)} = 16.7\text{m} > 15\text{m}$$

能保护该建筑物。

2）避雷线

避雷线的原理及作用与避雷针基本相同，它主要用于保护架空线路，因此又称为架空

地线。避雷线的材料为 35mm² 的镀锌钢线,分单根和双根两种,双根的保护范围大一些。避雷线一般架设在架空线路导线的上方,用引下线与接地装置连接,以保护架空线路免受直接雷击。

3) 避雷带和避雷网

避雷网和避雷带普遍用来保护高层建筑物免遭直击雷和感应雷的侵害。避雷带采用直径不小于 8mm 的圆钢或截面不小于 48mm²、厚度不小于 4mm 的扁钢,沿屋顶周围装设,高出屋面 100~159mm,支持卡间距为 1~1.5m。避雷网则除了沿屋顶周围装设外,屋顶上面还用圆钢或扁钢纵横连接成网状。避雷带、避雷网必须经 1~2 根引下线与接地装置可靠地连接。

4) 避雷器

避雷器的作用是防止雷电产生的过电压波沿线路侵入变配电所或其他建筑物内,以免危及被保护设备的绝缘。

避雷器应与被保护设备并联,装在被保护设备的电源侧,避雷器的连接如图 5.7 所示。

当线路上出现危及设备绝缘的雷电过电压时,避雷器的火花间隙就被击穿,或由高阻变为低阻,使过电压对大地放电,从而保护了设备的绝缘。

图 5.7 避雷器的连接

【避雷器】

常用避雷器的形式有阀式、管式、保护间隙和金属氧化物等。

1) 阀式避雷器

阀式避雷器主要分为普通阀式避雷器和磁吹阀式避雷器两大类。普通阀式避雷器有 FS 和 FZ 两种系列;磁吹阀式避雷器有 FCD 和 FCZ 两种系列。阀式避雷器的结构如图 5.8 所示。

阀式避雷器由火花间隙和阀片组成,装在密封的瓷套管内。火花间隙用铜片冲制而成,每对间隙用云母垫圈隔开,在雷电过电压作用下,火花间隙被击穿放电。阀片具有非线性特性,正常电压下其电阻很大,而过电压下其电阻就变得很小。

阀式避雷器型号中的符号含义如下:F——阀式避雷器;S——配(变)电作用;Z——电站用;Y——线路用;D——旋转电机用;C——具有磁吹放电间隙。

2) 保护间隙

保护间隙是最简单的防雷设备,其结构如图 5.9 所示。保护间隙一般用镀锌圆钢制成,由主间隙和辅助间隙两部分组成。主间隙做成角形的,水平安装,以便灭弧。为了防止主间隙被外来的物体短路而引起误动作,在主间隙的下方串联有辅助间隙。因为保护间

(a)　　　　　　　　　　　　　　(b)

图 5.8　阀式避雷器的结构

(a) 垂直接地体；(b) 水平接地体

隙灭弧能力弱，一般要求与自动重合闸装置配合使用，以提高供电的可靠性。

保护间隙又称角型避雷器或羊角避雷器，结构简单，维修方便，但保护性能较差，保护间隙只用于室外且负荷不重要的线路上。

图 5.9　保护间隙的结构

3) 管式避雷器

管式避雷器即排气式避雷器，它的基本元件是由安装在产气管内的火花间隙，间隙由棒型和环型电极构成，其结构如图 5.10 所示。管式避雷器由灭弧管内间隙和外间隙组成。灭弧管一般用纤维胶木等能在高温下产生气体的材料制成。当雷电波过电压来临时，管式避雷器的内、外间隙被击穿，雷电流通过接地线泄入大地。接踵而来的工频电流产生强烈的电弧，电弧燃烧管壁并产生大量气体从管口喷出，很快地吹灭电弧。同时外部间隙恢复绝缘，使灭弧管或避雷器与系统隔开，系统恢复正常运行。

图 5.10 管式避雷器的结构

排气式避雷器具有简单经济、残压很小的优点，但它动作时有电弧和气体从管中喷出，因此它只适于室外架空场所，主要是架空线路上。

4）金属氧化物避雷器

金属氧化物避雷器（亦称压敏避雷器）是 20 世纪 70 年代开始出现的一种新型避雷器。与传统的碳化硅阀式避雷器相比，金属氧化物避雷器没有火花间隙，且用氧化锌（ZnO）代替碳化硅（SiC），在结构上采用压敏电阻制成的阀片叠装而成，该阀片具有优异的非线性伏安特性：工频电压下，它呈现极大的电阻，有效地抑制工频电流；而在雷电波过电压下，它又呈现极小的电阻，能很好地泄放雷电流。

金属氧化物避雷器具有保护特性好、通流能力强、残压低、体积小、安装方便等优点。目前金属氧化物避雷器已广泛地用于高、低压电气设备的保护。

2. 引下线

引下线是连接接闪器与接地装置的一段导线，其作用是将雷电流引入接地装置。一般可用圆钢或扁钢制成。圆钢直径不小于 8mm；扁钢截面积不小于 48mm²，厚度不小于 4mm。

引下线可以专门敷设（明装），也可利用建筑物内的金属构件（暗装）。一般优先利用柱或剪力墙中的主钢筋作为引下线，专门敷设时采用镀锌圆钢或扁钢。

人工敷设的引下线应在地面上 1.7m 和地面下 0.3m 的一段线上用钢管或塑料管加以保护，在引下线距地面 0.3～1.8m 之间位置设置断接卡子；自然引下线并同时采用基础接地时，应在室内或室外的适当地点设置若干连接板，供测量接地电阻之用。暗装的引下线应比明装时增大一个规格，每根柱子内要焊接两根主筋，各构件之间必须连成电气通路。

3. 接地装置

【接地装置】

接地装置的主要作用是向大地均匀地泄放电流，使防雷装置对地电压不至于过高。接地装置包括接地体和接地线两部分，它是防雷装置的重要组成部分。

1）接地线

接地线是连接引下线和接地体的导线，一般用直径为 10mm 的圆钢组成。

2）接地体

接地体是埋入地下与土壤直接接触的金属导体，接地体包含人工接地体和自然接地体（埋入建筑物的钢结构和钢筋；行车的钢轨；埋地的金属管道、水管，但可燃液体和可燃气体管道除外；敷设于地面下而数量不少于 2 根的电缆金属外皮等）。在装设接地装置时，首先应充分利用自然接地体，以节约投资。当实地测量所利用的自然接地体电阻不能满足规范要求时才考虑添加装设人工接地体作为补充。

人工接地体可用圆钢、扁钢、角钢或钢管等组成，其最小尺寸不小于下列数值：圆钢直径为 10mm；扁钢截面为 100mm^2，厚度为 4mm；角钢厚度为 4mm；钢管管壁厚度为 3.5mm。

人工接地体有垂直埋设和水平埋设两种基本结构，如图 5.11 所示。垂直埋设时，为了减小相邻接地体的屏蔽效应，各接地体之间的距离一般为 5m。

图 5.11 人工接地体

5.1.3 变（配）电所防雷保护

变配电所的防雷保护主要有两个重要方面：一是要防止变配电所建筑物和户外配电装置遭受直击雷；二是防止过电压雷电波沿进线侵入变配电所，危及变配电所电气设备的安全。变配电所的防雷保护常采用以下措施。

1) 防直击雷

一般采用装设避雷针（线）来防直击雷。如果变配电所位于附近的高大建（构）筑物上的避雷针保护范围内，或者变配电所本身是在室内的，则不必考虑直击雷的防护。

2) 雷电波的侵入

对 35kV 进线，一般采用在沿进线 500～600m 的这一段距离安装避雷线并可靠地接地，同时在进线上安装避雷器即可满足要求。对 6～10kV 进线可以不装避雷线，只要在线路上装设 FZ 型或 FS 型阀式避雷器即可，如图 5.12 所示。

图 5.12 6～10kV 防雷电波侵入接线示意

图 5.12 中接在母线上的避雷器主要是保护变压器不受雷电波危害，在安装时应尽量靠近变压器，其接地线应与变压器低压侧接地的中性点及金属外壳一起接地，变压器防雷保护如图 5.13 所示。

图 5.13 变压器防雷保护

3）高压电动机的防雷保护

高压电动机的绕组由于制造条件的限制，其绝缘水平比变压器低，它不能像变压器线圈那样可以浸在油里，而只能靠固体介质来绝缘。电动机绕组长期在空气中运行，容易受潮、受粉尘污染、受酸碱气体的侵蚀。另外，长时间的发热，绕组中的固体介质容易老化，所以电动机的绝缘只能达到 $1.5\sqrt{2}U_N$。

对高压电动机一般采用如下的防雷措施：对定子绕组的中性点能引出的大功率高压电动机，在中性点加装相电压磁吹阀式避雷器（FCD 型）或金属氧化物避雷器；对中性点不能引出的电动机，目前普遍采用 FCD 磁吹阀式避雷器与电容器 C 并联的方法来保护，如图 5.14 所示，该电容器的容量可选 $1.5\sim2\mu F$，电容器的耐压值可按被保护电动机的额定电压选用，电容器接成星形，并将其中性点直接接地。

图 5.14 高压电动机防雷保护的接线示意

F_1—排气式避雷器或普通阀式避雷器；F_2—磁吹阀式避雷器

5.1.4 建筑物防雷的分类及防雷措施

1. 建筑物分类及防雷措施

《建筑物防雷设计规范》（GB 50057—2010）规定，根据建筑物的重要性、使用性质、受雷击可能性的大小和一旦发生雷击事故可能造成的后果，建筑物按防雷要求分为三类。

1) 第一类建筑物

凡存放爆炸性物品,或在正常情况下能形成爆炸性混合物,因电火花而爆炸的建筑物,称为第一类建筑物。

这类建筑物装设独立避雷针(或消雷器)防止直击雷。为防感应过电压和雷电波侵入,对非金属屋面应敷设避雷网并可靠接地。室内的一切金属设备和管道均应良好接地,电源进线处也应装设避雷器并可靠接地。

2) 第二类建筑物

条件同第一类,但电火花不易引起爆炸或不至于造成巨大破坏和人身伤亡;预计雷击次数大于 0.06 次/a 的部、省级办公建筑及其他重要或人员密集的公共建筑;预计雷击次数大于 0.3 次/a 的住宅、办公楼等一般民用建筑。

这类建筑物的防雷措施基本与第一类相同,即要有防直击雷、感应雷和雷电波侵入的保护措施,但其规定的指标不如第一类防雷建筑物严格。

3) 第三类建筑物

(1) 省级重点文物保护的建筑物及省级档案馆。

(2) 预计雷击次数大于或等于 0.012 次/a,且小于或等于 0.06 次/a 的部、省级办公建筑及其他重要或人员密集的公共建筑。

(3) 预计雷击次数大于或等于 0.06 次/a,且小于或等于 0.3 次/a 的住宅、办公楼等一般民用建筑。

(4) 预计雷击次数大于或等于 0.06 次/a 的一般工业建筑。

(5) 在平均雷暴日大于 15d/a 的地区,高度在 15m 及以上的烟囱、水塔等孤立的高耸构筑物;在平均雷暴日小于或等于 15d/a 的地区,高度在 20m 及以上的烟囱、水塔等孤立的高耸构筑物。

2. 预计雷击次数计算

根据建筑物防雷设计规范的要求,在确定建筑物的防雷类别时,预计雷击次数是一个很重要的指标。因此,要根据实际的情况,计算建筑物的年预计雷击次数,确定建筑物的防雷类别,做到该高的不能低,以免造成不应该发生的雷击损失;该低的不要高,没有达到第三类防雷类别的建筑物不需要进行防雷设计,以免造成建设上的浪费。

(1) 建筑物年预计雷击次数应按下式确定
$$N=KN_gA_e$$

(2) 雷击大地的年平均密度应按下式确定
$$N_g=0.024T_d^{1.3}$$

(3) 建筑物等效面积 A_e,应为其实际平面积向外扩大后的面积。其计算方法应符合下列规定。

① 当建筑物高度 $H<100m$ 时,其每边的扩大宽度和等效面积应按下列公式计算确定
$$D=\sqrt{H(200-H)}$$
$$A_e=[LW+2(L+W)\sqrt{H(200-H)}+\pi H(200-H)]\times 10^{-6}$$

② 当建筑物高度 $H\geqslant 100m$ 时,其每边的扩大宽度应按等于建筑物的高度 H 计算;建筑物的等效面积应按下式确定

$$A_e = [LW + 2H(L+W) + \pi H^2] \times 10^{-6}$$

③ 当建筑物各部位的高度不同时,应沿建筑物周边逐点算出最大扩大宽度,其等效面积 A_e 应按每点最大扩大宽度外端的连接线所包围的面积计算。

图 5.15 建筑物的等效面积

【例 5.2】 某市平均雷暴日为 40 天,市区有一建筑物高 28m,顶部长 50m,宽 10m,女儿墙高 1m,在其顶上安装一支 8m 高的避雷针,不设避雷网、避雷带,预计这座建筑物每年可能遭受的雷击次数是多少?能否得到安全保护?

【解】 根据分析,取校正系数 $K=1$。

雷击大地年平均密度为

$$N_g = 0.024 T_d^{1.3} = 0.024 \times 40^{1.3} = 2.903282 (次/km^2 \cdot a)$$

建筑物等效面积为

$$A_e = [LW + 2(L+W)\sqrt{H(200-H)} + \pi H(200-H)] \times 10^{-6} = 0.023958 (km^2)$$

建筑物年预计雷击次数为

$$N = K N_g A_e = 0.069556 (次/a) > 0.06$$

根据规范,该建筑物属于第三类防雷建筑。

查表得到第三类防雷建筑的滚球半径 $h_r = 60m$。

避雷针的高度 $h = 28 + 8 = 36(m)$

在高度为 28m+1m(女儿墙)位置的保护半径为

$$r_x = \sqrt{h(2h_r - h)} - \sqrt{h_x(2h_r - h_x)} = 3.619710(m)$$

而楼顶的长度是 50m,所以该建筑物不能得到安全防护。

> 练习题5.1

一．问答题
1. 简述一、二、三类防雷建筑应采用的防雷措施。
2. 简述防直击雷装置的基本组成和各部分的作用。

二．计算题
某厂锅炉房烟囱高40m，烟囱上安装一支高2m的避雷针，锅炉房（属第三类防雷建筑物）高8m，其屋顶最远一角距离烟囱为22m，试问此避雷针能否保护锅炉房。

5.2 接地工程设计

任务说明	分析某建筑接地工程设计合理性
学习目标	初步具备一般建筑接地工程设计的能力
工作依据	教材、一层接地工程平面图纸、手册、规范
实施步骤	1. 分析本建筑物的接地措施设置是否合理 2. 确定接地装置的材料、装置、尺寸是否合理 3. 形成接地工程设计方案合理性论证
任务成果	接地工程设计方案合理性论证

5.2.1 电流对人体的作用

1. 电流对人体的作用

当人体接触带电体或人体与带电体之间产生闪络放电，并有一定电流通过人体，导致人体伤亡的现象，称为触电。

以是否接触带电体，可分为直接触电和间接触电。前者是人体不慎接触带电体或是过分靠近高压设备，后者是人体触及因绝缘损坏而带电的设备外壳或与之相连接的金属构架。以电流对人体的伤害，可分为电击和电伤。电击主要是电流对人体内部的生理作用，表现为人体的肌肉痉挛、呼吸中枢麻痹、心室颤动、呼吸停止等；电伤主要是电流对人体外部的物理作用，常见的形式有电灼伤、电烙印以及皮肤中渗入熔化的金属物等。

除上述分类之外，还有以人体触电方式分类、以伤害程度分类等。

2. 人体触电事故原因

（1）违反安全工作规程。如在全部停电和部分停电的电气设备上工作，未落实相应的技术措施和组织措施，导致误触带电部分；错误操作（带负荷分、合隔离开关等）以及使用工具及操作方法不正确等。

（2）运行维护工作不及时。如架空线路断线导致误触电；电气设备绝缘破损使带电体接触外壳或铁心，从而导致误触电；接地装置的接地线不合标准或接地电阻太大等导致误触电。

（3）设备安装不符合要求。主要表现在进行室内外配电装置的安装时不遵守国家电力规程有关规定，野蛮施工，偷工减料，采用假冒伪劣产品等。

3. 电流强度对人体的危害程度

触电时人体受害的程度与许多因素有关，如通过人体的电流强度、持续时间、电压高低、频率高低、电流通过人体的途径以及人体的健康状况等，其中最主要的因素是通过人体电流强度的大小。当通过人体的电流越大，人体的生理反应越明显，致命的危险性也就越大。按通过人体的电流对人体的影响，将电流大致分为三种。

（1）感觉电流它是人体有感觉的最小电流。

（2）摆脱电流人体触电后能自主地摆脱电源的最大电流称为摆脱电流。

（3）致命电流在较短的时间内，危及生命的最小电流称为致命电流。一般情况下通过人体的工频电流超过50mA时，心脏就会停跳，人就会发生昏迷，很快致死。

人体触电时，若电压一定，则通过人体的电流由人体的电阻值决定。不同类型、不同条件下的人体电阻不尽相同。一般情况下，人体电阻可高达几十千欧，而在最恶劣的情况下可能降至1000Ω，而且人体电阻会随着作用于人体的电压升高而急剧下降。

人体触电时能摆脱的最大电流称为安全电流。我国规定安全电流为30mA，且通过时间不超过1s，即30mA·s。按安全电流值和人体电阻值，大致可求出其安全电压值。我国规定允许人体接触的安全电压见表5-1。

表5-1 安全电压

安全电压 （交流有效值）/V	选用举例	安全电压 （交流有效值）/V	选用举例
65 42 36	干燥无粉尘地面环境 在有触电危险场所使用手提电动工具 矿井有导电粉尘时使用行灯等	12 6	对于特别潮湿或有蒸汽游离物等极其危险的环境

5.2.2 接地与接地装置

1. 接地的概念

1）接地与接地装置

电气设备的某部分与大地之间做良好的电气连接，称为接地。

埋入地中并直接与大地接触的金属导体，称为接地体或接地极。专门为接地而人为装设的接地体，称为人工接地体。兼作接地体用的直接与大地接触的各种金属构件、金属管道及建筑物的钢筋混凝土基础等，称为自然接地体。接地线与接地体的组合，称为接地装置。由若干接地体在大地中相互用接地线连接起来的一个整体，称为接地网，如图 5.16 所示。

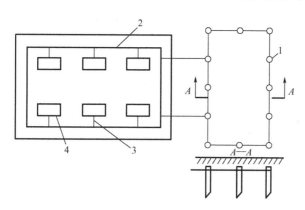

图 5.16 接地网
1—接地体；2—接地干线；3—接地支线；4—设备

2）接地电流与对地电压

当电气设备发生接地故障时，电流就通过接地体向大地作半球形散开，称为接地电流。

在距单根接地体或接地故障点约 20m 的地方，散流电阻已趋近于零，即其电位趋近于零，称为电气上的"地"或"大地"。

电气设备的接地部分，如接地的外壳和接地体等，与零电位的"地"之间的电位差，就称为接地部分的对地电压。

3）接触电压 U_{tou} 和跨步电压 U_{step}

电气设备的绝缘损坏时，在身体可同时触及的两部分之间出现的电位差。如图 5.17 所示，人站在发生接地故障的电气设备旁边，手触及设备的金属外壳，则人手与脚之间所呈现的电位差，即为接触电压。

跨步电压即在接地故障点附近行走时，两脚之间出现的电位差。越靠近接地故障点或跨步越大，跨步电压越大。离接地故障点达 20m 时，跨步电压为零。

2. 接地的类型

接地的类型按其功能可分为工作接接地、保护接地、重复接地，如图 5.18 所示。

（1）工作接地：为保证电力系统和电气设备达到正常工作要求而进行的一种接地，例如电源中性点的接地、防雷装置的接地等。

（2）保护接地：为保障人身安全、防止间接触电而将设备的外露可导电部分接地。保护接地作用的说明如图 5.19 所示。

保护接地的型式有如下两种。

① 设备的外露可导电部分经各自的接地线（PE 线）直接接地。

② 设备的外露可导电部分经公共的 PE 线或经 PEN 线接地，这种接地习惯称为"保护接零"。

图 5.17 接触电压和跨步电压示意

图 5.18 工作接地、保护接地、重复接地示意

图 5.19 保护接地作用的说明
（a）设备的外露可导电部分不接地；（b）设备的外露可导电部分接地

必须注意：同一低压配电系统中，不能有的采取保护接地，有的又采取保护接零，否则当采取保护接地的设备发生单相接地故障时，采取保护接零的设备外露可导电部分将带上危险的电压，如图 5.20 所示。

图 5.20 同一低压配电系统中同时采取保护接和保护接零

（3）重复接地。在 TN 系统中，为确保公共 PE 线或 PEN 线安全可靠，除在电源中性点进行工作接地外，还应在 PE 线或 PEN 线的下列地方进行重复接地。

① 在架空线路终端及沿线每 1km 处。

② 电缆和架空线引入车间或大型建筑物处。

如果不重复接地，则在 PE 线或 PEN 线断线且有设备发生单相接地故障时，接在断线后面的所有设备外露可导电部分都将呈现接近于相电压的对地电压，如图 5.21(a) 所示，这是很危险的。如果进行了重复接地，如图 5.21(b) 所示，则在发生同样故障时，断线后面的设备外露可导电部分的对地电压大大降低。

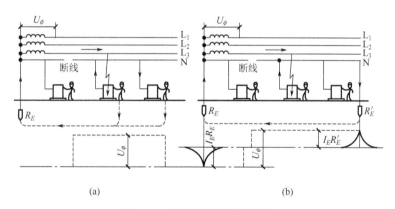

图 5.21 重复接地的作用示意
（a）未重复接地；（b）已重复接地

5.2.3 低压配电系统接地保护

在我国，将设备外壳通过各自的接地体与大地紧密相接的形式过去称为"保护接地"，现在属于 IT 系统；将设备外壳通过公共的 PE 线或 PFN 线接地的形式过去称为"保护接零"，现属于 TN 系统。

1. TN 系统

TN 系统的电源中性点直接接地，并引出 N 线，如图 5.22 所示。

图 5.22　TN 系统

(a) TN-S 系统；(b) TN-C-S 系统；(c) TN-C 系统

当设备带电部分与外壳相连时，短路电流经外壳和 N 线（或 PE 线）而形成单相短路，显然该短路电流较大，可使保护线快速而可靠地动作，将故障部分与电源断开，消除触电危险。其中，中性线 N 和保护线 PE 完全分开的称为 TN-S 系统；N 线与 PE 线前段共用、后段分开的称为 TN-C-S 系统；N 线与 PE 线完全共用的称为 TN-C 系统。

2. TT 系统

【TT 系统接地故障保护】

TT 系统的电源中性点直接接地，也引出 N 线，属三相四线制系统，而设备的外露可导电部分则经各自的 PE 线分别接地，如图 5.23 所示。

图 5.23　TT 系统保护接地功能说明

(a) 外露可导电部分未接地时；(b) 外露可导电部分接地时

电气设备没有采用接地保护措施时，一旦电气设备漏电，其漏电电流不足以使熔断器熔断（或过电流保护装置动作），设备外壳将存在危险的相电压。若人体误触其外壳时，就会有电流流过人体，其值 I_m 为

$$I_m = U_\Phi / (R_m + R_0)$$

R_0 值一般取 4Ω，与 R_m 相比可以略去。若 $U_\Phi = 220V$，$R_m = 1000\Omega$，则流过人体的电

流 $I_m=0.22A$，这个电流对人体是危险的。在 TT 系统中，电气设备采用接地保护措施后，如图 5.23(b)，当发生电气设备外壳漏电时，由于外壳接地故障电流 I_k 通过保护接地电阻 R_E 和中性点接地电阻回到变压器中性点，其值为

$$I_k=U_\Phi/(R_0+R_E)=220/(4+4)=27.5A$$

这一电流通常能使故障设备电路中的过电流保护装置动作，切断故障设备电源，从而减少人体触电的危险。

即使过电流保护装置不动作，由于人体电阻 R_m 远大于保护接地电阻 R_E（此时相当于 R_m 与 R_E 并联），因此通过人体的电流 I_m 也很小，一般小于安全电流，对人体的危害也较小。

由上述分析可知，TT 系统的使用能减少人体触电的危险，但是毕竟不够安全，因此，为保障人身安全，应根据国际 IEC 标准加装漏电保护器（漏电开关）。

3. IT 系统

IT 系统的电源中性点不接地或经阻抗（约 1000Ω）接地，且通常不引出 N 线，而电气设备的导电外壳经各自的 PE 线分别直接接地，如图 5.24 所示。

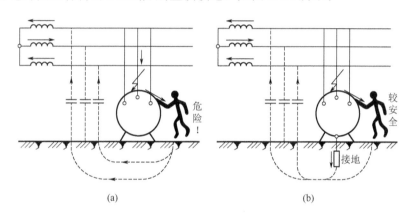

图 5.24 保护接地的作用
(a) 没有保护接地的电动机一相碰壳时；(b) 装有保护接地的电动机一相碰壳时

在同一个保护系统中，不允许一部分电气设备采用 TN 制，而另一部分设备采用 TT 制。

在 IT 系统中，当电气设备发生单相接地故障时，接地电流将通过人体和电网与大地之间的电容构成回路，如图 5.24 所示。由图可知，流过人体的电流主要是电容电流。一般情况下，此电流是不大的，但是，如果电网绝缘强度显著下降，这个电流可能达到危险程度。

4. 基本要求

电气装置的外露导电部分应与保护线连接；能同时触及的外露导电部分应接至同一接地系统；建筑物电气装置应在电源进线处作总等电位联结；TN 和 TT 系统应装设能迅速自动切除接地故障的保护电器；IT 系统应装设能迅速反应接地故障的信号电器，必要时可装自动切除接地故障的电器；对于 TN 系统，N 线与 PE 线分开后，N 线不得再与任何"地"作电气连接。

5.2.4 等电位连接

等电位连接，顾名思义是"使各外露可导电部分和装置外可导电部分电位基本相等的电气连接"。在具体的实践中，等电位连接就是把建筑物内附近的所有金属物，如建筑物的基础钢筋、自来水管、煤气管及其金属屏蔽层、电力系统的零线、建筑物的接地系统，用电气连接的方法连接起来，使整座建筑物成为一个良好的等电位体。等电位连接示意图如图 5.25 所示。

图 5.25 等电位连接示意

配置有信息系统的机房内的电气和电子设备的金属外壳、机柜、机架、计算机直流地、防静电接地、屏蔽线外层、安全保护地及各种 SPD（浪涌保护器等）接地端均应以最短的距离就近与等电位网络可靠连接。

等电位连接的目的就是使整个建筑物的正常非带电导体处于电气连通状态，防止设备与设备之间、系统与系统之间危险的电位差，确保设备和人员的安全。等电位连接技术对用电安全、防雷以及电子信息设备的正常工作和安全使用都是十分必要的。国际电工委员会（IEC 标准）把等电位连接作为电气装置最基本的保护。我国有关电气装置设计规范已将建筑物内做等电位连接规定为强制性的电气安全措施。

在一个建筑工程中，等电位连接技术包括如下三种类型。

1. 总等电位连接（MEB）

总等电位连接作用于全建筑物，是在建筑物电源进线处采取的一种等电位连接措施，它在一定程度上可以降低建筑物内间接接触电压和不同金属部件间的电位差，并消除自建筑物外经电气线路和各种金属管道引入的危险故障电压的危害。如图 5.26 所示，通过进线配电箱近旁的总等电位连接端子板（接地母排）将下列导电部分互相连通。

（1）进线配电箱的 PE（或 PEN）母排。

(2) 公共设施的金属管道，如上下水、热力、煤气等管道。

(3) 应尽可能包括建筑物金属结构。

(4) 如果有人工接地，也包括其接地极引线。

图 5.26　总等电位连接示意图

2. 局部等电位连接（LEB）

【局部等电位连接】

在一局部场所范围内将各导电部分连通，称为局部等电位连接。可通过局部等电位连接端子板将下列部分互相连通，以简便地实现该局部范围内的多个辅助等电位连接，包括：PE 母线或 PE 干线；公用设施的金属管道；建筑物金属结构。

下列情况下需做局部等电位连接。

① 电源网络阻抗过大，使自动切断电源时间过长，不能满足防电击要求时。

② 自 TN 系统同一配电箱供给固定式和移动式两种电气设备，而固定式设备保护电器切断电源时间不能满足移动式设备防电击要求时。

③ 为满足浴室、游泳池、医院手术室等场所对防电击的特殊要求时。

④ 为满足防雷和信息系统抗干扰的要求时。

住宅楼内的局部等电位连接是在卫生间再做一次等电位连接，即在卫生间内将各种金属管道、楼板中的钢筋以及进入卫生间的保护线和用电设备外壳用 40×4 热镀锌扁钢或 6mm² 的铜芯导线相互联通。

3. 辅助等电位连接（SEB）

辅助等电位连接一般是电气装置的某部分接地故障保护不能满足切断回路的时间要求时，作辅助等电位连接，把两导电部分之间连接后能满足降低接触电压。

$$R \leqslant \frac{50}{I_a}$$

式中，R 为可同时触及的外露可导电部分和装置外可导电部分之间，故障电流产生的电压降引起接触电压的一段线段电阻，Ω；I_a 为切断故障回路时间不超过 5s 的保护电器动作电流，A。

两导电部分之间连接后，只要能满足上式即可。

练习题5.2

1. 简述低压配电系统接地的基本要求。
2. 接地的种类有哪些？各自的作用和做法是什么？
3. 为什么要做重复接地？如何做法？
4. 对建筑物的总等电位端子板，需连接的导电部分有哪些？
5. 对建筑物的局部等电位端子板，需连接的导电部分有哪些？
6. 说明局部等电位连接与辅助等电位连接的联系与区别。

附录 A 常用设备名称和文字符号

常用设备名称和文字符号见附表 A。

附表 A 常用设备名称和文字符号

符号名称	文字符号 新符号	文字符号 旧符合
自动重合闸装置	ARD	ZCH
熔断器	FU	RD
发电机、电源	G	F
绿灯	GN	LD
指示灯	HL	
电流继电器	KA	LJ
电压继电器	kV	YJ
中间继电器	KM	ZJ
加速继电器	KAC	JSJ
差动继电器	KD	CJ
气体继电器	KG	WJ，gas
出口中间继电器	KMo	BCJ
功率继电器	KP	GJ
信号继电器	KS	XJ
时间继电器	KT	SJ
阻抗继电器	KZ	ZKJ
合闸位置继电器	KOS	HWJ
跳闸位置继电器	KRS	TWJ
合闸接触器	KO	HC
继电器	K	R、j
同期继电器	KSY	TJJ
跳跃闭锁继电器	KLB	TBJ
电感，电抗器，线路	L	L，DKB
电动机	M	D
自动开关	QA	ZK
断路器	QF	DL
刀开关	QK	DK
电力开关	Q	K
负荷开关	QL	FK

（续）

符号名称	文字符号	
	新符号	旧符合
测量继电器	BR	
热过载继电器	BTH	KH
保护继电器	BP	KP
温度传感器	BTT	ST
位置开关	BQ	SQ
隔离开关	QS	GL
红灯	RD	HD
控制开关	SA	KK，ZK
按钮开关	SB	AN
变压器	T	B
电流互感器	TA	LH
电压互感器	TV	YH
中间变流器	TAM	ZLH
零序电流互感器	TAo	LHo
电抗变压器	TAV	DKB
控制回路电源小母线	WC	KM
事故音响信号小母线	WAS	SYM
信号回路电源小母线	WS	
线路灯光信号小母线	WL	DM
跳闸线圈	YR	TQ
合闸线圈	YO	HC

附录 B 常用电气图形符号

常用电气图形符号见附表 B。

附表 B 常用电气图形符号

符号名称		图形符号	
		新国标（GB4728）	IEC
负荷开关（负荷隔离开关）			
断路器			
接触器触点的一般符号	动合（常开）触点		
	动断（常闭）触点		
低压断路器			

（续）

符号名称		图形符号
隔离开关		
开关的一般符号	动合（常开）触点	
	动断（常闭）触点	
过电流继电器（示出两瞬时动合触点）	集中表示法（归总式）	I> KA
	分开表示法（展开式）	KA 1　KA 2 I> 　3 KA 4
欠电压继电器（示出一瞬时动断触点）	集中表示法	U< KV
具有反时限特性的过电流继电器（示出一动断触点）	集中表示法	I> KA
具有反时限特性的过电流继电器（示出一先合后断的桥接式转换触点）	集中表示法	I> KA

(续)

符号名称		图形符号
差动继电器（示出一瞬时动合触点）	集中表示法	T_D　KD
时间继电器	集中表示法　缓慢吸合	
	缓慢释放	
信号继电器（具有机械保持和非自动复位结构）	集中表示法	
中间继电器（快速动作）	集中表示法	
气体继电器（瓦斯继电器）	集中表示法	
继电器、接触器、磁力启动器和操作机构的跳、合闸线圈		
双线圈继电器的电流线圈		I
双线圈继电器的电压线圈		U
插头和插座		

(续)

符 号 名 称	图 形 符 号
接通的连接片	
断开的连接片	
双绕组变压器	
三相笼型异步电动机	M 3~
接线盒（单线表示）	3　　3　　3
多心电缆	
电阻	
无定型 三级晶闸管	

附录 C 常用电器技术数据

变压器的技术数据见附表 C-1。

附表 C-1 变压器的技术数据

型 号	额定容量 /kVA	额定电压/kA 高压	额定电压/kA 低压	损耗/kA 空载	损耗/kA 短路	阻抗电压（%）	空载电流（%）	轨距/mm
SJL1-20/10	200	10；6.3；6	0.4	0.12	0.59	4	8	无轮
SJL1-20/10	300	10；6.3；6	0.4	0.16	0.83	4	6.6	无轮
SJL1-20/10	400	10；6.3；6	0.4	0.19	0.99	4	5.7	无轮
SJL1-20/10	500	10；6.3；6	0.4	0.225	1.15	4	5.4	无轮
SJL1-20/10	630	10；6.3；6	0.4	0.26	1.43	4	4.6	无轮
SJL1-20/10	800	10；6.3；6	0.4	0.31	1.7	4	4.2	无轮
SJL1-20/10	1000	10；6.3；6	0.4	0.36	2.05	4	3.8	无轮
SJL1-20/10	1250	10；6.3；6	0.4	0.425	2.4	4	3.2	无轮
SJL1-20/10	1600	10；6.3；6	0.4	0.5	2.9	4	3.0	无轮

注 S—三相；J—油浸自冷；L—铝线圈。

各种型号熔断器的技术规格及生产厂见附表 C-2。

附表 C-2 各种型号熔断器的技术规格及生产厂

名称	主要用途	型号	熔断额定电压/V	熔断额定电流/A	熔体额定电流等/A	最大分断能力/kA	备注
有填料封闭管式熔断器	用于大段路电流网络内作为过载和短路保护	RT0-100	交流380 直流400	100	30, 40, 50, 60, 80, 100	50,	括弧内的等级尽量不选用
		RT0-200		200	(80),(100),120, 150,200	50	
		RT0-400		400	(150),(200),250, 300,350,400	50	
		RT0-600		600	(350),(400),450, 500,550,600	50	
		RT0-1000		1000	700,800,900,1000	50	
无填料封闭管式熔断器	用于电力网络过载和短路保护	RM3-15	交流	15	6,10,15	1.2	此产品逐步淘汰
		RM3-60		60	15,20,25,35,60	3.5	
		RM3-100		100	60,80,100	10	
		RM3-200		200	100,125,160,200	10	
		RM3-350		350	200,225,260,300,350	10	
		RM3-600		600	350,430,500,600	10	

(续)

名称	主要用途	型号	熔断额定电压/V	熔断额定电流/A	熔体额定电流等/A	最大分断能力/kA	备注
无填料封闭管式熔断器	用于电力网路过载和短路保护	RM10-15	交流220,380,500 直流220,440	15	6,10,15	1.2	为全国统一设计,可取代RM1、RM3等老产品
		RM10-60		60	15,20,25,35,45,60	3.5	
		RM10-100		100	60,80,100	10	
		RM10-200		200	100,125,160,200	10	
		RM10-350		350	200,225,260,300,350	10	
		RM10-600		600	350,430,500,600	10	

注 R—熔断器；T—有填料管式；M—无填料管式。

电抗器技术数据见附表C-3。

附表C-3 电抗器技术数据

型号	额定电流/A	额定电压/kV	通过容量/kVA	无功容量/kVar	额定电抗(%)	稳定性 动稳定/A	稳定性 1s热稳定/A	每相质量/kg	单相瓷座数量/件
NKL-6-150-4	150	6	3×520	20.8	4	9560	9340	460	8
NKL-6-150-5	150	6	3×520	26	5	7650	9340	465	8
NKL-6-150-6	150	6	3×520	31.2	6	6400	9330	525	8
NKL-6-150-8	150	6	3×520	41.6	8	4785	9280	650	8
NKL-6-150-10	150	6	3×520	52	10	3825	9250	665	8
NKL-6-200-3	150	6	3×520	20.8	3	13000	11450	355	8
NKL-6-200-4	200	6	3×694	27.8	4	12750	9900	400	8
NKL-6-200-5	200	6	3×694	34.7	5	10200	9900	415	8
NKL-6-200-6	200	6	3×694	41.6	6	8500	9880	527	8
NKL-6-200-8	200	6	3×694	55.5	8	6300	9850	530	8
NKL-6-200-10	200	6	3×694	69.4	10	5100	9800	585	8

注 N—水泥；K—电抗器；L—铝电缆。

电容器技术参数见附表C-4。

附表C-4 电容器技术参数

型号	额定电压/kV	标称容量/kVar	标称电容/μF	额定频率/Hz	相数	外形尺寸/mm 长	外形尺寸/mm 宽	外形尺寸/mm 高
YY0.23-5-3 YY0.23-5-3-TH	0.23	5	300	50	3 3	360	115	415
YY0.23-5-1 YY0.23-5-1-TH	0.23	5	300	50	1 1	360	115	415
YY0.4-12-3 YY0.4-12-3-TH	0.4	12	240	50	3 3	360	115	415
YY0.4-12-1 YY0.4-12-1-TH	0.4	12	240	50	1 1	360	115	415

(续)

型 号	额定电压/kV	标称容量/kVar	标称电容/μf	额定频率/Hz	相数	外形尺寸/mm		
						长	宽	高
YY0.525-12-3 YY0.525-12-3-TH	0.525	12	140	50	3 3	360	115	415
YY0.525-12-1 YY0.525-12-1-TH					1 1	360	115	415
YY0.75-12-1 YY0.75-12-1-TH	0.75	12	—	50	1	360	115	415
YY1.05-12-1 YY1.05-12-1-TH	1.05	12	34.8	50	1	360	115	460

注 第一个Y表示移相；第二个Y表示矿物油浸渍；第一个数字表示额定电压（kV）；第二个数字表示标称容量（kVar）；第三个数字表示相数；尾注号TH表示湿热带用。

JDG型电压互感器技术数据见附表C-5。

附表C-5 JDG型电压互感器技术数据

型 号	额定电压比/V	两次额定容量/VA			最大容量/VA	试验电压/kV		质量/kg
		0.5级	1级	3级		高压	低压	
JDG-0.5	220/100 380/100 500/100	25	40	100	200	6	2	8
JDG4-0.5	220/100 380/100 500/100	15	25	50	100	3	2	3.6
JDG-3	3000/100	30	50	120	240			12.6
JSGW-0.5	380/100/100/3	50	80	200	400			

注 J表示电压互感器；D表示单相；G表示干式；W表示五株三卷。

LMI-0.5，LMK1-0.5系列电流互感器技术数据见附表C-6。

附表C-6 LMI-0.5，LMK1-0.5系列电流互感器技术数据

型 号	额定电流比/A	准确级次	额定二次负荷/Ω			可穿过的铝母线尺寸/mm
			0.5级	1级	3级	
LM1-0.5	5,10,15,30,50,75,150/5	0.5	0.2	0.3		25×3
	20,40,100,200/5					25×3
LMK1-0.5	300/5					30×4
	400/5					40×5
LMJ1-0.5	5,10,15,20,30,50,75,100,150,300/5	0.5	0.4	0.6		30×4

（续）

型号	额定电流比/A	准确级次	额定二次负荷/Ω 0.5级	1级	3级	可穿过的铝母线 尺寸/mm
LMKJ1-0.5	40,200,400/5	0.5	0.4	0.6		40×5
LMKB1-0.5	500,600/5	0.5	0.4	0.6		50×6
	800/5	0.5	0.4	0.6		60×8
LMJ-0.5	100,1200,1500/5	0.5	0.4	1.2	2.0	2(80×8)
	2000,3000/5					2(120×8)

注 L表示电流互感器；M表示母线式；J表示加大容量；连词符号后面的数字表示额定电压。

高压少油断路器技术数据见附表C-7。

附表C-7 高压少油断路器技术数据

型号	额定电压/kV	额定电流/A	断流容量/MVA 3kV	6kV	10kV	额定断流量/kA	极限通过电流/kA 峰值	有效值	热稳定电流/kA 1s	5s	10s
SN10-10 Ⅰ	10	600	—	—	350	20.2	52	30		20.2(4s)	
SN10-10 Ⅱ	10	1000	—	—	500	28.9	74	42		28.9(4s)	
SN10-10/600~1000	10	600~1000	—	—	350	20	52	30	30	20	14
SN9-10/600	10	600			250	14.4	36.8			14.4(s)	
SN8-10/600	10	600			200	11.6	33	19		11.6(4s)	
SN3-10/2000	10	2000	—	300	500	29	75	43.5	43.5	30	21
SN3-10/3000	10	3000	—	300	500	29	75	43.5	43.5	30	21
SN4-10G/5000	10	5000			1800	105	300	173	173	120	85
SN4-20G/6000	20	6000			3000	87	300	173	173	120	85
SN4-20G/8000	20	8000			3000	87	300	173	173	120	85
CN2-10/600	10	600		150	200		37	22		14.5(4s)	85
SW2-35	35	1000			1500	24.8	63.4	39.2		24.8(4s)	
SW2-35C	35	1500			1500	24.8	63.4	39.2		24.8(4s)	
SW2-60/1000	60	1000			2500	24.1	67	39	39	20	14
SW3-35/600	35	600			400	6.6	17	9.8		6.6(4s)	
SW3-110G/1200	110	1200			3000	15.8	41			15.8(4s)	
SW4-110/1000	110	1000			3500	18.4	55	32	32	21	14.8
SW4-220/1000	220	1000			7000	18.4	55	32	32	21	14.8
SW6-110/1200	110	1200			4000	21	55	32		21(4s)	
SW6-220/1200	220	1200			8000	21	55	32		21(4s)	

注 S表示少油断路器；N表示户内式；W表示户外式；C表示手车式；G表示改进式；第一个数字表示设计序号；分隔符后面的数字表示额定电压（kV），斜线后面的数字表示额定电流（A）。

户内隔离开关技术数据见附表 C-8。

附表 C-8 户内隔离开关技术数据

型 号	额定电压/kV	额定电流/A	极限通过电流/kA 峰值	极限通过电流/kA 有效值	5s 热稳定电流/kA	操动机构型号	不带机构质量/(kg/组)
GN1-6/200	6	200	25		10	—	27
GN1-6/400	6	400	50		14		27
GN1-6/600	6	600	60		20		27
GN1-10/200	10	200	25		10	—	30
GN1-10400	10	400	50		14		30
GN1-10/600	10	600	60		20		30
GN1-10/1000	10(11.5)	1000	80(75)	47(43)	26(10)	CS6-2	20.5
GN1-10/2000	10	2000	85	50	36	CS6-2	25
GN1-20/400	20	400	52	30	14		31
GN1-35/400	35	400	52	30	14		39.1
GN1-35/600	35	600	52	30	20	—	40.7

注 G 表示隔离开关；N 表示户内式；第一个数字表示设计序号；隔离符号后面的第一个数字表示电压等级（kV）；最后的数字表示额定电流（A）。

户外跌落式熔断器技术数据见附表 C-9。

附表 C-9 户外跌落式熔断器技术数据

型 号	额定电压/kV	额定电流/A	断流容量（三相）/MVA 上限 对称开断容量	断流容量（三相）/MVA 上限 全开断容量	下限	开断负荷电流/mm	熔断长度/mm	单相质量/kg	开断空载变压器的容量/kVar	切合空载线路的长度/km
RW5-35/100-400	35	100	400	500	10	100	630	30	5600	20
RW5-35/200-800		200	800	900	30	200	630	31		
RW6-60/100-500	60	100	500	600	20	100	900	120	10000	60
RW6-60/100-800		100	800	1000		100	900	120		
RW6-110/100-750	110	100	750	900		100	1300	150	20000	120
RW6-110/100-1000		100	1000	1200		100	1300	150		

注 R 表示熔断器；W 表示户外式；第一个数字表示设计序号；分割符号后面的第一个数字表示额定电压；最后一个数字表示其他标志。

附录 D 绝缘导线、电缆和母线的允许载流量

绝缘导线（LJ 和 LGJ）的允许载流量见附表 D-1。

附表 D-1 绝缘导线（LJ 和 LGJ）的允许载流量　　　　　　　（单位：A）

导线截面面积/mm²	LJ 型铝绞线 环境温度				LGJ 型钢芯铝绞线 环境温度			
	25℃	30℃	35℃	40℃	25℃	30℃	35℃	40℃
10	75	70	66	61	—	—	—	—
16	105	99	92	85	105	98	92	85
25	135	127	119	109	135	127	119	109
35	170	160	150	138	170	159	149	137
50	215	202	189	174	220	207	193	178
70	265	249	233	215	275	259	228	222
95	325	305	286	247	335	315	295	272
120	375	352	330	304	380	357	335	307
150	440	414	387	356	445	418	391	360
185	500	470	440	405	515	484	453	416
240	610	574	536	494	610	574	536	494
300	680	640	597	550	700	658	615	566

注　1. 导线正常工作温度按 70℃ 计。
　　2. 本表载流量按室外架设考虑，无日照，海拔高度 1000m 及以下。

10kV 常用三芯电缆的允许载流量及校正系数见附表 D-2～附表 D-4。

附表 D-2　10kV 常用三芯电缆的允许载流量

项　目		电缆允许载流量（A）							
绝缘类型		粘性油浸纸		不滴流纸		交联聚乙烯			
钢铠护套						无		有	
缆芯最高工作温度		60℃		65℃		90℃			
敷设方式		空气中	直埋	空气中	直埋	空气中	直埋	空气中	直埋
缆芯截面面积/mm²	16	42	55	47	59	—	—	—	—
	25	56	75	63	79	100	90	100	90
	35	68	90	77	95	123	110	123	105

附录 D 绝缘导线、电缆和母线的允许载流量

(续)

项目		电缆允许载流量 (A)							
绝缘类型		粘性油浸纸		不滴流纸		交联聚乙烯			
钢铠护套						无		有	
缆芯最高工作温度		60℃		65℃		90℃			
敷设方式		空气中	直埋	空气中	直埋	空气中	直埋	空气中	直埋
缆芯截面面积 /mm²	50	81	107	92	111	146	125	141	120
	70	106	133	118	138	178	152	173	152
	95	126	160	143	169	219	182	214	182
	120	146	182	168	196	251	205	246	205
	150	171	206	189	220	283	223	278	219
	185	195	233	218	246	324	252	320	247
	240	232	272	261	290	378	292	373	292
	300	260	308	295	325	433	332	428	328
	400	—	—	—	—	506	378	501	374
	500	—	—	—	—	579	428	574	424
环境温度		40℃	25℃	40℃	25℃	40℃	25℃	40℃	25℃
土壤热阻系数/(℃·m·W⁻¹)		—	1.2	—	1.2	—	2.0	—	2.0

注 1. 本表系铝芯电缆数值。铜芯电缆的允许载流量可乘以 1.29。
  2. 当地环境温度不同时的载流量校正系数见附表 D-3。
  3. 当地土壤热阻系数不同时（以热阻系数 1.2 为基准）的载流量校正系数见附表 D-4。

附表 D-3 电缆在不同环境温度时的载流量校正系数

电缆敷设地点		空气中				土壤中			
环境温度		30℃	35℃	40℃	45℃	20℃	25℃	30℃	35℃
缆芯最高工作温度	60℃	1.22	1.1	1.0	0.86	1.07	1.0	0.93	0.85
	65℃	1.18	1.09	1.0	0.89	1.06	1.0	0.94	0.87
	70℃	1.15	1.08	1.0	0.91	1.05	1.0	0.94	0.88
	80℃	1.11	1.06	1.0	0.93	1.04	1.0	0.95	0.90
	90℃	1.09	1.05	1.0	0.94	1.04	1.0	0.96	0.92

附表 D-4 电缆在不同土壤热阻系数时的载流量校正系数

土壤热阻系数 /(℃·m·W⁻¹)	分类特征 (土壤特征和雨量)	校正系数
0.8	土壤很潮湿，经常下雨。如湿度大于 9% 的沙土、湿度大于 14% 的沙-泥土等	1.05
1.2	土壤潮湿，规律性下雨。如湿度大于 7% 但小于 9% 的沙土、湿度为 12%～14% 的沙-泥土等	1.0
1.5	土壤较干燥，雨量不大。如湿度 8%～12% 的沙-泥土等	0.93
2.0	土壤干燥，少雨。如湿度大于 4% 但小于 7% 的沙土、湿度为 4%～8% 的沙-泥土等	0.87
3.0	多石地层，非常干燥。如湿度小于 4% 沙土等	0.75

LMY 型矩形硬母线的允许载流量见附表 D-5。

附表 D-5　LMY 型矩形硬母线的允许载流量　　　　　　（单位：A）

每相母线条数		单条		双条		三条		四条	
母线放置方式		平放	竖放	平放	竖放	平放	竖放	平放	竖放
母线尺寸 /(mm×mm)	40×4	480	503	—	—	—	—	—	—
	40×5	542	562	—	—	—	—	—	—
	50×4	586	613	—	—	—	—	—	—
	50×5	661	692	—	—	—	—	—	—
	63×6.3	910	952	1407	1547	1866	2111	—	—
	63×8	1038	1085	1623	1777	2113	2379	—	—
	63×10	1168	1221	1825	1994	2381	2665	—	—
	80×6.3	1128	1178	1724	1892	2211	2505	2558	3411
	80×8	1274	1330	1946	2131	2491	2809	2863	3817
	80×10	1427	1490	2175	2373	2774	3114	3167	4222
	100×6.3	1371	1430	2054	2253	2633	2985	3032	4043
	100×8	1542	1609	2298	2516	2933	3311	3359	4479
	100×10	1728	1803	2558	2796	3181	3578	3622	4829
	125×6.3	1674	1744	2446	2680	2079	3490	3525	4700
	125×8	1876	1955	2725	2982	3375	3813	3847	5129
	125×10	2089	2177	3005	3282	3725	4194	4225	5633

注　1. 本表载流量按导体最高允许工作温度 70℃、环境温度 25℃、无风、无日照条件下计算而得。
　　2. 当母线为四条时，平放和竖放时第二、三片间距均为 50mm。

如果环境温度不为 25℃，则应乘以附表 D-6 的校正系数。

附表 D-6　校正系数

环境温度	20℃	30℃	35℃	40℃	45℃	50℃
校正系数	1.05	0.94	0.88	0.81	0.74	0.67

架空裸导线的最小截面见附表 D-7。

附表 D-7　架空裸导线的最小截面

线路类别		导线最小截面面积/mm²		
		铝及铝合金线	钢芯铝线	铜绞线
35kV 及以上线路		35	35	35
3～10kV 线路	居民区	35	25	25
	非居民区	25	16	16
低压线路	一般	16	16	16
	与铁路交叉跨越档	35	16	16

附录 D 绝缘导线、电缆和母线的允许载流量

绝缘导线明敷时的允许载流量见附表 D-8。

附表 D-8 绝缘导线明敷时的允许载流量　　　　　　　　　　（单位：A）

芯线截面面积/mm²	橡皮绝缘导线								塑料绝缘导线							
	环境温度															
	25℃		30℃		35℃		40℃		25℃		30℃		35℃		40℃	
	铜芯	铝芯	铜芯	铝芯	铜芯	铝芯	铜芯	铝芯	铜芯	铝芯	铜芯	铝芯	铜芯	铝芯	铜芯	铝芯
2.5	35	27	32	25	30	23	27	21	32	25	30	23	27	21	25	19
4	45	35	41	32	39	30	35	27	41	32	37	29	35	27	32	25
6	58	45	54	42	49	38	45	35	54	42	50	39	46	36	43	33
10	84	65	77	60	72	56	66	51	76	59	71	55	66	51	59	46
16	110	85	102	79	94	73	86	67	103	80	95	74	89	69	81	63
25	142	110	132	102	123	95	112	87	135	105	126	98	116	90	107	83
35	178	138	166	129	154	119	141	109	168	130	156	121	144	112	132	102
50	226	175	210	163	195	151	178	138	213	165	199	154	183	142	168	130
70	284	220	266	206	245	190	224	174	264	205	246	191	228	177	209	162
95	342	265	319	247	295	229	270	209	323	250	301	233	279	216	254	197
120	400	310	361	280	346	268	316	243	365	283	343	266	317	246	290	225
150	464	360	433	336	401	311	366	284	419	325	391	303	362	281	332	257
185	540	420	506	392	468	363	428	332	490	380	458	355	423	328	387	300
240	660	510	615	476	570	441	520	403	—	—	—	—	—	—	—	—

注　1. 导线型号表示：BX—铜芯橡皮线；BLX—铝芯橡皮线；BV—铜芯塑料线；BLV—铝芯塑料线。
　　2. 导线正常最高允许温度为 65℃。

参 考 文 献

[1] 谢秀颖. 电气照明技术 [M]. 北京：中国电力出版社，2008.

[2] 丁文华，苏娟. 建筑供电与照明 [M]. 武汉：武汉理工大学出版社，2008.

[4] 李梅芳，李庆武，王宏玉. 建筑供电与照明工程 [M]. 北京：电子工业出版社，2013.

[5] 杨岳. 供配电系统 [M]. 北京：科学出版社，2015.

[6] 刘介才. 工厂供电 [M]. 北京：机械工业出版社，2008.

[7] 刘昌明. 建筑供配电系统安装 [M]. 北京：机械工业出版社，2007.

[8] 刘复欣. 建筑供电与照明 [M]. 北京：中国建筑工业出版社，2004.

[9] 王玉华. 供配电技术 [M]. 北京：北京大学出版社，2012.

[10] 中国航空工业规划设计研究院，等. 工业与民用配电设计手册 [M]. 3 版. 北京：中国电力出版社，2005.